"1+X"职业技能等级证书系列教材

建筑信息模型（BIM）技术员培训教程

结构工程 BIM 技术应用

中国建设教育协会　组织编写

王　鑫　刘　鑫　主编

董　羽　阮　圻　副主编

U0391735

中国建筑工业出版社

图书在版编目（CIP）数据

结构工程 BIM 技术应用/王鑫，刘鑫主编. —北京：中国建筑工业出版社，2019.11（2023.1 重印）

"1＋X"职业技能等级证书系列教材　建筑信息模型（BIM）技术员培训教程

ISBN 978-7-112-24364-8

Ⅰ.①结…　Ⅱ.①王…②刘…　Ⅲ.①建筑设计-计算机辅助设计-应用软件-技术培训-教材　Ⅳ.①TU201.4

中国版本图书馆 CIP 数据核字（2019）第 233358 号

本书为"1＋X"职业技能等级证书系列教材和建筑信息模型（BIM）技术员培训教程系列教材之一，主要内容包括：概论、结构基本命令的使用方法、综合楼结构建模解析、别墅楼结构建模解析、结构族功能介绍及实例解析以及碰撞检查等知识点。

本教材适用于大中专院校"1＋X"建筑信息模型（BIM）职业技能等级证书考试人员、BIM 技术员，以及各类 BIM 技能等级考试和培训人员。

为了便于教学，作者自制免费课件资源，可加入"1＋X"交流 QQ 群786735312 索取。

"1＋X"
交流 QQ 群

责任编辑：李　阳　司　汉
责任校对：李欣慰

"1＋X"职业技能等级证书系列教材
建筑信息模型（BIM）技术员培训教程

结构工程 BIM 技术应用

中国建设教育协会　组织编写
王　鑫　刘　鑫　主编
董　羽　阮　圻　副主编

*

中国建筑工业出版社出版、发行(北京海淀三里河路 9 号)
各地新华书店、建筑书店经销
北京鸿文瀚海文化传媒有限公司制版
北京圣夫亚美印刷有限公司印刷

*

开本：787×1092 毫米　1/16　印张：10½　字数：259 千字
2019 年 11 月第一版　2023 年 1 月第三次印刷
定价：**29.00** 元（赠课件）
ISBN 978-7-112-24364-8
（34868）

前　言

2019 年 1 月，国务院印发了《国家职业教育改革实施方案》（以下简称"职教 20 条"）。把学历证书与职业技能等级证书结合起来，探索实施"1＋X"证书制度，是职教 20 条的重要改革部署，也是重大创新。职教 20 条明确提出"深化复合型技术技能人才培养培训模式改革，借鉴国际职业教育培训普遍做法，制定工作方案和具体管理办法，启'1＋X'证书制度试点工作"。2019 年《政府工作报告》进一步指出"要加快学历证书与职业技能等级证书的互通衔接"。

教育部职业技术教育中心研究所发布了《关于首批 1＋X 证书制度试点院校名单的公告》，确定了首批职业教育培训评价组织及职业技能等级证书名单，建筑信息模型（BIM）职业技能等级证书就在其中，也就意味着 BIM 证书的含金量会进一步提升。

"1＋X"证书制度体现了职业教育作为一种类型教育的重要特征，是落实立德树人根本任务、完善职业教育和培训体系、深化产教融合校企合作的一项重要制度设计。实施"1＋X"证书制度试点具有以下三个方面的意义：

一是，提高人才培养质量的重要举措。更好地服务建设现代化经济体系和实现更高质量更充分就业需要，是新时代赋予职业教育的新使命。随着新一轮科技革命、产业转型升级的不断加快，职业教育在人才培养的适应性、吻合度、前瞻性上还存在一定差距。学校通过引导以社会化机制建设的职业技能等级证书，加快人才供给侧结构性改革，有利于增强人才培养与产业需求的吻合度，培养复合型技术技能人才，拓展就业创业本领。

二是，深化人才培养培训模式和评价模式改革的重要途径。通过实施"1＋X"证书制度试点，调动社会力量参与职业教育的积极性，引领创新培养培训模式和评价模式，深化教师、教材、教法改革，并将引导院校育训结合、长短结合、内外结合，进一步落实学历教育与职业培训并举并重的法定职责，高质量开展社会培训。

三是，探索构建国家资历框架的基础性工程。职业技能等级证书是职业技能水平的凭证，也是对学习成果的认定。结合实施"1＋X"证书制度试点，积极推进探索职业教育国家"学分银行"，制度设计与构建国家资历框架相衔接，畅通技术技能人才成长通道。

为了做好"1＋X"建筑信息模型（BIM）职业技能等级证书人才培养工作，落实"放管服"改革要求，将"1＋X"证书制度试点与专业建设、课程建设、教师队伍建设等紧密结合，推进"1"和"X"的有机衔接，提升职业教育质量和学生就业能力，培养合格的 BIM 技术员，我们编写了本教材，旨在为考生复习考试做出参考和指明方向。

为了满足各类结构设计分析软件接口需求，本教材以 Revit2016 以上中文版为操作平台，全面介绍使用该软件进行建筑结构设计的方法和技巧。全书共分为 6 章，主要内容包括概论、结构基本命令的使用方法、综合楼结构建模解析、别墅楼结构建模解析、结构族功能介绍及实例解析以及碰撞检查等知识点。教材以实际的工程案例为切入点，深入浅出地介绍了 Revit 结构设计基础，建立项目样板文件，标高和轴网的绘制，基础、柱、结构框架、楼板、墙、楼梯等构件的添加等，覆盖了使用 Revit 进行现浇和预制装配式建筑结构设计的全过程。教材内容结构严谨、分析讲解透彻，且实例针对性极强，符合中高职学生学习和自学特点，可操作性较强，上手程度高，难度适中，同时也符合中高职教学模式，教材可作为高职院校建筑、土木专业的教材，也适合作为"1＋X"建筑信息模型（BIM）职业技能等级证书的培训教材，还可供 Revit 工程制图人员参考。

本教材由中国建设教育协会组织企业和院校专家编写。本教材由辽宁城市建设职业技术学院王鑫、刘鑫担任主编；辽宁城市建设职业技术学院董羽、宁波财经学院阮圻担任副主编。其中，教学单元 1 由辽宁城市建设职业技术学院董羽编写；教学单元 2 由辽宁生态工程职业学院张鹤、张莺编写；教学单元 3、教学单元 4 和附录由辽宁城市建设职业技术学院王鑫、刘鑫编写；教学单元 5 由辽宁建筑职业学院刘新月编写；教学单元 6 由辽宁地质工程职业学院夏怡编写；宁波财经学院阮圻承担部分审稿和修改工作。

在教材编写的过程中，沈阳嘉图工程管理咨询有限公司总经理、辽宁省建筑业协会BIM 中心主任徐恒君；大连市绿色建筑行业协会常务副会长徐梦鸿；沈阳艾立特工程管理有限公司总经理高级工程师于海志、事业部经理郭勇；北京建谊投资发展（集团）有限公司工程师赵腾飞；沈阳卫德住宅工业化科技有限公司工程师王太鑫；亚泰集团沈阳建材有限公司总工程师于奇；北京盈建科软件股份有限公司工程师范希多；大连民族大学安泓达等参与编写制定大纲并审稿。参与本教材视频编写的有：辽宁城市建设职业技术学院的夏志强、赵鑫、胡宇、高鑫茹、林嘉敏、张鑫龙、王鹏等。

本教材配带教学视频和 PPT，结合教材，希望能对有需要的同学起到一定的帮助，由于编写人员水平所限，书中存在纰漏之处，恳请多加批评指教。在此，我代表所有编写人员对中国建筑工业出版社以及对本教材提供帮助的人员深表谢意，我们也将继续努力，与同学们共同进步。

目　录

▶▶ 教学单元 1　概论

1.1　BIM 的介绍

　　BIM（Building 建筑、Information 信息、Modeling 模型）是建筑学、工程学及土木工程的新工具，在全球范围内得到业界的广泛认可，是营建产业未来的发展方向。它不仅是一种 3D 绘图软件，而且从建筑图的设计、施工、运行直至工程的结束，都扮演着非常重要的角色，能够直观地涵盖了建筑所需要的信息。作为施工的基础信息数据库以及基本信息模型，BIM 能够更好地应用于设计团队，实现可见化，将二维的构件形成一定比例的三维实物展示，在后期将设计团队的意图清晰地表达给施工方以及业主，在展示设计效果的同时，又能在出现问题时找出解决的办法，"BIM 技术的应用，能让每一个环节都变得可控，将建筑业传统的事中和事后管理，变为精确的事前管理"。

　　工程人员按照建模的要求进行操作，不仅可避免因二次拆改而造成的施工成本、人力成本、资金成本的浪费，同时还能减少因施工引起的环境污染。根据建筑的使用年限、出现的可变荷载、各种管道排布、节能措施、建筑在使用过程中遭遇的各种自然灾害、建筑的承受能力、逃生人员的逃生渠道和办法等，做出一定的模拟详情，得出此建筑存在的问题。

　　由于 BIM 的数据库是可动态变化的，根据建筑信息的变动，可以使图纸做出一定的变化，在人工达不到的水平，进行更合理、更好、更全面地优化，并能得出各专业图纸及深化图纸（可出图性），使建筑工程表达的更详细。不仅如此，BIM 技术的核心是智能控制，可以用于规划设计控制管理、建筑设计控制管理、招投标控制管理、造价控制、质量控制、进度控制、合同管理、物资管理、施工模拟等全流程智能控制，提高工作效率、增加经济效益。

1.2　Revit 的介绍

　　Revit 是由 Autodesk 公司专为建筑信息模型 BIM 构建，是 BIM 学习中应用最广泛的软件，可以帮助建筑设计者设计、建造、维护质量更好更高更稳的虚拟模型，图形化的族、体量创建，实现了创建参数化构件。Autodesk Revit 提供支持建筑设计、结构工程、MEP（设备）工程设计的工具。

　　（1）建筑设计

　　Autodesk Revit 软件可以按照建筑师和设计师的思路进行设计，通过使用专为支持建筑信息模型工作流而构建的工具，可以获取并分析其概念，强大的建筑设计工具可帮助用户捕捉和分析概念，也可以呈现一个好的视觉效果，以及保持从设计到建筑的各个阶段的一致性，使用信息丰富的模型在整个建筑生命周期中支持建筑系统。

（2）结构工程

Revit 在制图完成后呈现出来的是一个相当于虚拟的智能模型，通过模拟和分析深入了解项目，并在施工前预测性能。使用智能模型中固有的坐标和一致信息，提高文档设计的精确度。专为结构工程师构建的工具可帮助用户更加精确地设计和建筑高效的建筑结构。

（3）设备 MEP 工程

MEP 软件是一款智能的设计和制图工具，该软件主要是面向给暖通、电气和给水排水（MEP）设计师，它能按工程师的思维方式工作。使用 Revit 技术和建筑信息模型（BIM），可以最大限度地减少建筑设备专业设计团队之间，以及与建筑师和结构工程师之间的协调错误。此外，它还能为工程师提供更佳的决策参考和建筑性能分析，促进可持续性设计。

1.3 BIM 和 Revit 的关系

BIM 是一种理念、一种技术，它包含的范畴更广，BIM 所依托的软件平台有建模软件、结构分析计算软件、算量软件、可视化管理软件等。Revit 是 BIM 设计模型中三维设计软件工具之一。建筑信息化模型（BIM）是一个完备的信息模型，能够将工程项目在全生命周期中各个不同阶段的工程信息、过程和资源集成在一个模型中，方便各工程参与方使用。通过三维数字技术模拟建筑物所具有的真实信息，为工程设计和施工提供相互协调、内部一致的信息模型，使该模型达到设计施工的一体化，各专业协同工作，支持建筑师与工程师、承包商、建造人员与业主更加清晰、可靠地沟通设计意图，从而降低了工程生产成本，保障工程按时按质完成。可以看出 BIM 可以帮助建筑师减少错误和浪费，以此提高利润和客户满意度，进而创建可持续性更高的精确设计。

Revit 可帮助建筑设计师设计、建造和维护质量更好、能效更高的建筑。而参数化构件（族）是在 Revit 中设计使用的所有建筑构件的基础。它们提供了一个开放的图形式系统，让用户能够自由地构思设计、创建外形，并以逐步细化的方式来表达设计意图。用户可以使用参数化构件创建最复杂的组件（例如细木家具和设备），以及最基础的建筑构件（例如墙和窗）。最重要的是不需要任何编程语言或代码。

BIM 的优点如下：

（1）减少了 BIM 从 2D 到 3D 模型的想象，在视觉展示下，提升了设计者的设计可视度，同时也大大增加了业主与施工厂商间的沟通效率，缩短设计周期，施工单位对设计的误解也会减少，并且用户能产出材料明细表进行造价成本估算等进阶设计分析，因而还提升设计效率与质量，此外可使用软件包搭配时程信息进行 4D 施工动态仿真或以虚拟场景的方式呈现。

（2）降低工程风险：在设计者在设计完成之初，尚未实际进入施工阶段之前，可利用软件包进行如空间冲突等检测，及早发现构件冲突点或有错误之处，进行修正或者预防性的处理，降低工程风险。

（3）对象数量计算：BIM 模型可视为一大型数据库，用户可直接从模型中读取所需的信息，如门窗数量、尺寸，可以以类似 Excel 的表格化方式呈现，并可以文档的记事本格式产出材料明细表供使用者进行进阶分析使用。

（4）资料一致性：建筑信息模型是以参数建模，对象彼此间存在关联性，能自动地使项目的所有信息一致，模型中任何对象的有所改动都会反馈到整个项目模型档案中，相关对象会连动修正。例如：门是附着于墙面上的，若墙移动位置，门的位置会跟着移动；若墙是包围某房间的墙，则墙被删除而房间非闭合空间，将会显示警讯，告知用户有错误发生。

（5）参数建模：BIM 软件与传统 CAD 软件最大的差异即为参数建模，模型对象的信息是以属性的方式存于 BIM 数据库中，故可让使用者直接读取其所需信息，无须经过人为的判读，减少人为因素产生的错误。

1.4 Revit 的优点

（1）双向关联性

Revit 软件所有的模型信息都储存在一个单一、整合的数据库内，任何信息的修订与变更，都会自动地在模型内部做更新动作，在变更时就可尽量地减少了数据错误与作业疏失。

（2）参数式组件（群组）

以真正的建筑物组件进行设计，提高模型细部设计和精确度。参数化组件可用于雕饰型家具与机电设备这类复杂组合的模型数据建构，也可以用于墙与柱等类型的基本建筑组件模型数据建构，研究中就能轻松建构所有建筑组件模型。

（3）明细表

软件利用了最新的模型信息，可以很明确、快速地制作出精确的明细表。而明细表是 Revit 模型的另一种视图，在变更其中的一个明细表视图时，其他视图与明细表也会相应地自动更新。其中的功能还包含了关联性分割明细表剖面，可由明细表视图、公式以及筛选选取的设计元素。

（4）拆图

Revit 软件中的拆图功能，可以为了适应公司的标准而制作、修改、共享细部资源库等，也可以采用软件内建的完整资源库。而 Revit 软件提供的详图资源库以及拆图工具，可以协助使用者进行广泛的预先分拣，简化与 CSI 格式的校正。

（5）协同合作

工作分享和 Revit Server 功能可以让多人同时设计一个方案。工作共享工具能使套用检视过滤器、卷标元素与控制工作集具有可见性，使用者可以更清楚地表达出自己的设计意念。

1.5 应用与发展

在华中科技大学举办的一场活动中，上海宾孚建设工程顾问有限公司的首席顾问翟超说"房地产企业未来竞争的核心在于——基于 BIM 技术的精益管理"。

"BIM 技术是对传统建筑业的转型升级，能带来颠覆性的变革。"翟超解释，在过去 30 多年里，随着社会的发展和生活观念的变迁，房地产业进入了空前发展的繁荣时期，"只要能接到项目，怎么干都能赚大钱"，通常也称为"房地产的黄金 30 年"。这个时期，显著特征是粗放式管理。

但如今，经济进入新常态，市场竞争已趋于白热化，国家对房产调控的力度一浪高于一浪，房地产业"躺着都能挣钱"的时代已经过去，现在到了比拼"内功"的时代，即比拼的是精益管理能力，具体来说，就是降低成本、提升效率。

BIM 技术带来的诸多益处，引起了政府主管部门的高度重视。

在 2017 年，住房和城乡建设部印发的《建筑业发展"十三五"规划》就明确提出，"加快推进建筑信息模型（BIM）技术在规划、工程勘察设计、施工和运营维护全过程的集成应用"，"BIM 的未来，就是工业 4.0"。可以预见，BIM 技术发展带来的革新与变化，城市建设将变得更加"智慧"，建筑也将迈向智能化。

纵观全球发达国家和地区，目前在建筑业内，最能提高管理水平的技术，就是 BIM。

应用 BIM 的中国工程项目层出不穷，例如：中国第一高楼——上海中心大厦、北京第一高楼——北京中信大厦（中国尊）、华中第一高楼——武汉中心大厦等。其中，中国博览会会展综合体工程证明：通过应用 BIM 可以排除 90%图纸错误，减少 60%返工，缩短 10%施工工期，提高项目效益。

如今有更多的招标项目要求工程建设使用 BIM 模式。部分企业开始加速 BIM 相关的数据挖掘，聚焦 BIM 在工程量计算、投标决策等方面的应用，并实践 BIM 的集成项目管理。

BIM 在国内建筑全生命周期的 20 个典型应用：

1. BIM 模型维护

建立符合工程项目现有条件和使用用途的 BIM 模型。这些模型根据需要可能包括：设计模型、施工模型、进度模型、成本模型、制造模型、操作模型等。这将增加对 BIM 建模标准、版本管理、数据安全的管理难度，所以有时候业主也会委托独立的 BIM 服务商统一规划、维护和管理整个工程项目的 BIM 应用，以确保 BIM 模型信息的准确、时效和安全。

2. 场地分析

场地分析是研究影响建筑物定位的主要因素，是确定建筑物的空间方位和外观、建立建筑物与周围景观的联系的过程。在规划阶段，场地的地貌、植被、气候条件都是影响设计决策的重要因素，往往需要通过场地分析来对景观规划、环境现状、施工配套及建成后交通流量等各种影响因素进行评价及分析。传统的场地分析存在诸如定量分析不足、主观因素过重、无法处理大量数据信息等弊端，通过 BIM 结合地理信息系统（Geographic Information System，简称 GIS），对场地及拟建的建筑物空间数据进行建模，通过 BIM 及 GIS 软件的强大功能，迅速得出令人信服的分析结果，帮助项目在规划阶段评估场地的使用条件和特点，从而做出新建项目最理想的场地规划、交通流线组织关系、建筑布局等关键决策。

3. 建筑策划

BIM 能够帮助项目团队在建筑规划阶段，通过对空间进行分析来理解复杂空间的标准和法规，从而节省时间，给团队提供更多增值活动的可能。

4. 方案论证

在方案论证阶段，项目投资方可以使用 BIM 来评估设计方案的布局、视野、照明、安全、人体工程学、声学、纹理、色彩及规范的遵守情况。BIM 甚至可以做到建筑局部的细节推敲，迅速分析设计和施工中可能需要应对的问题。方案论证阶段还可以借助 BIM 提供方便的、低成本的不同解决方案供项目投资方进行选择，通过数据对比和模拟分析，找出不同解决方案的优缺点，帮助项目投资方迅速评估建筑投资方案的成本和时间。

5. 可视化设计

可视化设计软件的出现有力地弥补了业主及最终用户因缺乏对传统建筑图纸的理解能力而造成的和设计师之间的交流鸿沟，而通过工具的提升，设计师能使用三维的思考方式来完成建筑设计，同时也使业主及最终用户真正摆脱了技术壁垒的限制，随时获取投资进度。

6. 协同设计

中国建筑科学研究院副院长黄强认为 BIM 的发展战略是"以我为主、尊重他长、智者同行、互联互通"。而协同设计就是使分布在不同地理位置的不同专业的设计人员通过网络的协同展开设计工作。

7. 性能化分析

在 CAD 时代，无论何种分析软件都必须通过手工的方式输入相关数据才能开展分析计算，而操作和使用这些软件不仅需要专业技术人员经过培训才能完成，同时由于设计方案的调整，造成原本就耗时耗力的数据录入工作需要经常性的重复录入或者校核。而利用 BIM 技术，建筑师在设计过程中创建的虚拟建筑模型已经包含了大量的设计信息（几何信息、材料性能、构件属性等），只要将模型导入相关的性能化分析软件，就可以得到相应的分析结果，省时省力。

8. 工程量统计

CAD 时代不仅需要消耗大量的人工，而且比较容易出现手工计算带来的差错，需要不断地根据调整后的设计方案及时更新模型，如果滞后，得到的工程量统计数据也往往会失效。而 BIM 可以真实地提供造价管理需要的工程量信息，通过 BIM 获得准确的工程量统计可以用于前期设计过程中的成本估算、在业主预算范围内不同设计方案的探索或者不同设计方案建造成本的比较，以及施工开始前的工程量预算和施工完成后的工程量决算。

9. 管线综合

管线综合是建筑施工前让业主最不放心的技术环节。利用 BIM 技术，通过搭建各专业的 BIM 模型，设计师能够在虚拟的三维环境下方便地发现设计中的碰撞冲突，从而大大地提高了管线综合的设计能力和工作效率。

10. 施工进度模拟

通过将 BIM 与施工进度计划相链接，将空间信息与时间信息整合在一个可视的 4D（3D＋Time）模型中，可以直观、精确地反映整个建筑的施工过程。借助 4D 模型，BIM 可以协助评标专家很快了解投标单位对投标项目主要施工的控制方法、施工安排是否均衡，总体计划是否基本合理。

11. 施工组织模拟

借助 BIM 对施工组织的模拟，项目管理方能够非常直观地了解整个施工安装环节的时间节点和安装工序，并清晰地把握在安装过程中的难点和要点；施工方也可以进一步对原有安装方案进行优化和改善，以提高施工效率和施工方案的安全性。

12. 数字化建造

建筑中的许多构件可以异地加工，然后运到建筑施工现场，装配到建筑中（例如门窗、预制混凝土结构和钢结构等构件）。通过数字化建造，可以自动完成建筑物构件的预制，这些通过工厂精密机械技术制造出来的构件不仅降低了建造误差，并且大幅度提高构件制造的生产率，使得整个建筑建造的工期缩短并且容易掌控。

13. 物料跟踪

在 BIM 出现以前，建筑行业往往借助较为成熟的物流行业的管理经验及技术方案（例如 RFID 无线射频识别电子标签）。通过 RFID 可以把建筑物内各个设备构件贴上标签，以实现对这些物体的跟踪管理，但 RFID 本身无法进一步获取物体更详细的信息（如生产日期、生产厂家、构件尺寸等），而 BIM 模型恰好详细记录了建筑物及构件和设备的所有信息。这样 BIM 与 RFID 正好互补。

14. 施工现场配合

BIM 逐渐成为一项便利的技术，可以让项目各方人员方便地协调项目方案，论证项目的可造性，及时排除施工现场各方交流的沟通平台风险隐患，减少由此产生的变更，从而缩短施工时间，降低由于设计协调造成的成本增加，提高施工现场生产效率。

15. 竣工模型交付

建筑作为一个系统，当完成建造过程准备投入使用时，需要对建筑进行必要的测试和调整，以确保它可以按照当初的设计来运营。在项目完成后的移交环节，物业管理部门得到的不只是常规的设计图纸、竣工图纸，还需要能正确反映真实的设备状态、材料安装使用情况等与运营维护相关的文档和资料。

BIM 能将建筑物空间信息和设备参数信息有机地整合起来，从而为业主获取完整的建筑物全局信息提供途径。通过 BIM 与施工过程记录信息的关联，甚至能够实现包括隐蔽工程资料在内的竣工信息集成，不仅为后续的物业管理带来便利，并且可以在未来进行的翻新、改造、扩建过程中为业主及项目团队提供有效的历史信息。

16. 维护计划

在建筑物使用寿命期间，建筑物结构设施（如墙、楼板、屋顶等）和设备设施（如设备、管道等）都需要不断得到维护。一个成功的维护方案将提高建筑物性能，降低能耗和修理费用，进而降低总体维护成本。

BIM 模型结合运营维护管理系统可以充分发挥空间定位和数据记录的优势，合理制定维护计划，分配专人专项维护工作，以降低建筑物在使用过程中出现突发状况的概率。对一些重要设备还可以跟踪维护工作的历史记录，以便对设备的适用状态提前作出判断。

17. 资产管理

BIM 中包含的大量建筑信息能够顺利导入资产管理系统，通过 BIM 结合 RFID 的资产标签芯片可以使资产在建筑物中的定位及相关参数信息一目了然，快速查询。

18. 空间管理

空间管理是业主为节省空间成本、有效利用空间、为最终用户提供良好工作生活环境而对建筑空间所做的管理。BIM 不仅可以用于有效管理建筑设施及资产等资源，也可以帮助管理团队记录空间的使用情况，处理最终用户要求空间变更的请求，分析现有空间的使用情况，合理分配建筑物空间，确保空间资源的最大利用率。

19. 建筑系统分析

建筑系统分析是对照业主使用需求及设计规定来衡量建筑物性能的过程，包括机械系统如何操作和建筑物能耗分析、内外部气流模拟、照明分析、人流分析等涉及建筑物性能的评估。BIM 结合专业的建筑物系统分析软件避免了重复建立模型和采集系统参数。通过 BIM 可以验证建筑物是否按照特定的设计规定和可持续标准建造，通过这些分析模拟，最终确定、修改系统参数甚至系统改造计划，以提高整个建筑的性能。

20. 灾害应急模拟

利用 BIM 及相应灾害分析模拟软件，可以在灾害发生前，模拟灾害发生的过程，分析灾害发生的原因，制定避免灾害发生的措施，以及发生灾害后人员疏散、救援支持的应急预案。通过 BIM 和楼宇自动化系统的结合，使得 BIM 模型能清晰地呈现出建筑物内部紧急状况的位置，甚至到紧急状况点最合适的路线，救援人员可以由此做出正确的现场处置，提高应急行动的成效。

BIM 虽然还存在一定的不足，但是技术的进步和相关部门的推动，会使问题逐渐减小：

（1）人力支持

BIM 应用必然导致工作量大幅度向设计单位倾斜，与设计对接的 BIM 人才需求旺盛。在国外，业主成立专业的咨询团队，一对一对接设计团队，并对项目启动全过程的软件类型、数据接口、信息规范等细节进行严格规定。在国内，很多设计单位正在组建自己的 BIM 团队，但进度不理想：工程经验丰富的工程师，受困于传统图纸思维和固有工具操作习惯，难以快速掌握 BIM；可以快速掌握 BIM 的工程师，又往往工程经验不足。

（2）技术支持

BIM 意味着海量二维数据的加工与三维数据的创建，对数据采集和处理有很高技术要求。相比国外，国内建设行业的信息化基础还很薄弱。目前很多企业的数据采集仍然依靠人工查询、手动上传到系统。这种方法不仅周期长、精度低，而且对后续数据与数据的交互、数据与模型的对接也很不利。

BIM 应用很关键的一点是实景模拟，对工程数据与温度、光照、人流等环境信息的即时整合分析提出更高要求。相比国外以 BIM 为平台的定位，现在国内对 BIM 主要作为软件来应用，对 BIM 的项目管理较少涉足，这是由国内工程软件的发展现状决定的。目前国内工程软件局限于工程量计算、套价等独立环节，解决的问题偏离散、偏技术，难以满足集成化的项目管理和方案设计需求。同时围绕 BIM 的核心软件如建模软件、模型分析软件、设计模拟软件等国内还在研发阶段，实际应用时需要从国外引进。短期内更符合中国国情的项目管理软件没有相应的技术基础和技术准备时间。

1.6 政策支持

相比国外，国内对 BIM 的政策支持更有力。前者是市场推进政策，后者是政策推进市场。

早在 2011 年，住房和城乡建设部在《2011—2015 年中国建筑业信息化发展纲要》中，将 BIM、协同技术列为"十二五"中国建筑业重点推广技术。

2013 年 9 月，住房和城乡建设部发布《关于推进 BIM 技术在建筑领域内应用的指导意见》，明确指出"2016 年，所有政府投资的 2 万平方米以上的建筑的设计、施工必须使用 BIM 技术"。

2015 年，住房和城乡建设部正式公布《关于推进建筑业发展和改革的若干意见》，把 BIM 和工程造价大数据应用正式纳入重要发展项目。2015 年 6 月，住房和城乡建设部《关于推进建筑信息模型应用的指导意见》中明确的规定"到 2020 年末，建筑行业甲级勘察、设计单位以及特级、一级房屋建筑工程施工企业应掌握并实现 BIM 与企业管理系统和其他信息技术的一体化集成应用。

2017 年 5 月，住房和城乡建设部下达了《建筑信息模型施工应用标准》的文件，不仅 2016 年是 BIM 政策的井喷年，而且 2017 年各地的 BIM 政策还出现了新亮点。

2018 年 5 月，住房和城乡建设部下达《城市轨道交通工程 BIM 应用指南》。12 月，下达《建筑工程设计信息模型制图标准》。

2019 年 2 月，住房和城乡建设部发布关于印发《住房和城乡建设部工程质量安全监管司 2019 年工作要点》的通知指出了"要推进 BIM 技术集成"。

2021 年 10 月，住房和城乡建设部发布《中国建筑业信息化发展报告（2021）》的编写报告会启动召开，主题为聚焦智能建造，旨在展现当前建筑业智能化实践，探索建筑业高质量发展路径。大力发展数字设计、智能生产、智能施工和智慧运维，加快建筑信息模型（BIM）技术研发和应用。

上述政策无不表明政府对 BIM 发展的高度重视。国内 BIM 实践虽然存在问题，但都是已经暴露的问题。问题一旦暴露，就会有解决的希望。国内在建设工程体量方面远远领先世界，有更广阔的 BIM 应用空间。有业内专家预言："虽然 BIM 技术在国外应用已经有十余年历史，但最终将在中国取得突破性进展"！

练习题

一、选择题

1.目前在国内 BIM 的全称为（　　）。

A. 建设信息模型　　　　　　　　　　B. 建筑信息模型

C. 建筑数据信息　　　　　　　　　　D. 建设数据信息

2. 2015 年 6 月：住房和城乡建设部《关于推进 BIM 应用的指导意见》中明确的规定：到（　　　）年，建筑行业甲级勘察、设计单位以及特级、一级房屋建筑工程施工企业应掌握并实现 BIM 与企业管理系统和其他信息技术的一体化集成应用。

A. 2016 年　　　　　　B. 2017 年　　　　　　C. 2025 年　　　　　　D. 2020 年

3. 下列关于 BIM 的表述不正确的是（　　　）。

A. BIM 是一个软件

B. BIM 以三维数字技术为基础

C. BIM 技术的核心是智能控制

D. BIM 应用软件具备面向对象、基于三维几何图形、包含其他信息、支持开放式标准四个特征

4. 下列选项中体现了 BIM 技术在施工中的应用的是（　　　）。

A. 创建模型，三维实物展示表达给业主设计意图，以及后期的设计效果，提高客户满意度

B. 施工进度模拟，直观、精确地反映了整个建筑的施工过程，利用模型进行了"预施工"，在出现问题时找到施工问题、找出解决办法

C. 应用管理决策模拟，提供实时的数据访问，在没有足够获得足够的施工信息时，做出应急响应的决策

D. 未实际进入施工阶段前，利用空间冲突等检测，发现构件冲突点或有错误之处，进行修正或预防性的管理，降低工程风险

二、填空题

1. BIM 的特点_____、_____、_____、_____、_____。

2. Revit 提供支持_____、_____、_____的工具。

3. 通过 BIM 结合_____对场地及拟建的建筑物空间数据进行建模，帮助项目在规划段评估场地的使用条件和特点，做出新建项目最理想的场地规划、交通流线组织关系、建筑布局等关键决策。

扫一扫，
看答案

教学单元2　结构基本命令的使用方法

概述：本章节主要讲述如何创建和编辑建筑柱、结构柱、梁、梁系统、结构支架。使读者了解建筑柱和结构柱的应用方法和区别。根据项目需要，某些时候还需要创建结构梁系统和结构支架。

2.1 Revit 基础——几种常见的环境介绍

当打开 Revit 软件时，显示初始页面，可以看到最近查看和创建的项目文件与族文件，我们将它分为两个区域，上部分为项目区域-项目环境，下部分为族区域-族环境。

1. 项目环境

通过要创建的建筑类型，选择合适的样板，进行建立绘制第一个项目，如图 2-1-1 所示。

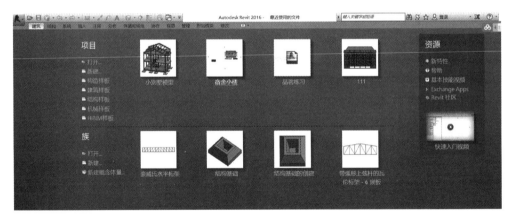

图 2-1-1

默认进入视图为【楼层平面 标高一】，如图 2-1-2 所示。

更改绘制面板背景可以单击 Revit2016 左上角图标。单击【选项】，选择【图片】更改背景颜色，如图 2-1-3 所示。

2. 族环境

单击【新建】族。在弹出的窗口选择【公制常规模型】（不同的族类型，选择不同的对应族环境），如图 2-1-4 所示。

默认进入视图【楼层平面 参照标高】，通过创建形状来创建相应的族文件，如图 2-1-5 所示。

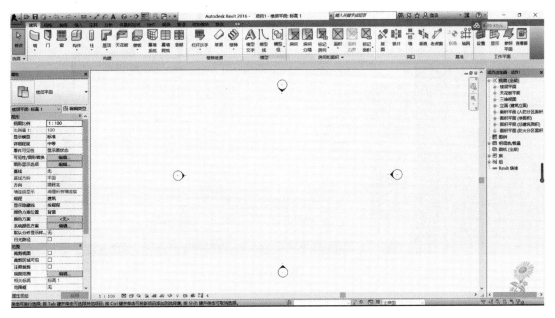

图 2-1-2

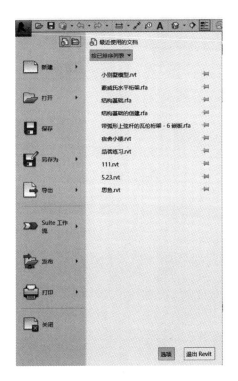

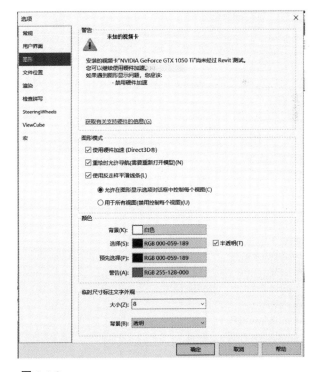

图 2-1-3

图 2-1-4

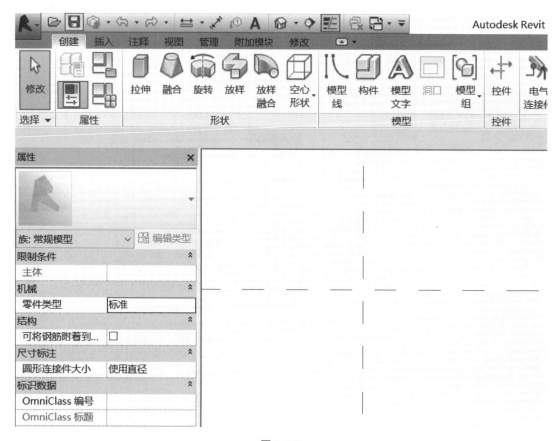

图 2-1-5

还可以通过【放置构件】的方法进行创建，如图 2-1-6 所示。

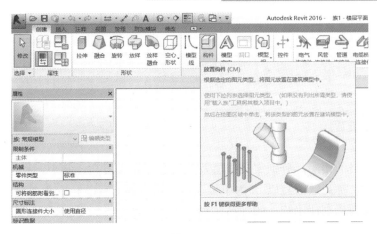

图 2-1-6

3. 概念体量环境

单击【新建概念体量】，在弹出的窗口选择【公制体量】，单击【打开】，如图 2-1-7 所示。

图 2-1-7

进入概念体量环境，默认进入三维视图，可以单击【楼层平面 参照标高】进行绘制，如图 2-1-8 所示。

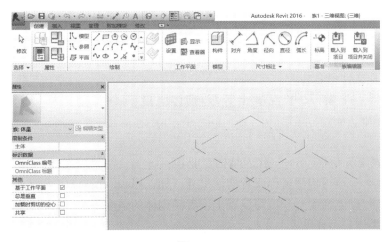

图 2-1-8

2.2 Revit 基本建模规则

1.软件环境设置

（1）楼层定义

按照实际项目的楼层，分别定义楼层及其所在标高或层高。其中，楼层标高应按照一套标高体系定义，标高数值宜以 m 为单位表示，层高数值宜以 mm 为单位表示。

注：所有参照标高使用统一的标高体系。

（2）标高体系

建筑和结构一般来说会分别采用建筑标高和结构标高定义，在设计建模过程中，建筑和结构设计师会根据自己所负责专业采用各自标高体系。在同一专业中设计建模时应采用一种标高体系定义，不应两种标高体系混用。

注：所有参照标高使用统一的标高体系。

（3）原点定位

为了更好地进行协同工作和碰撞检测工作以及实现模型横向或向下游有效传递，各专业在建模前，应统一规定原点位置并应共同严格遵守。

（4）分层定义绘制图元

按照构件归属楼层，分层定义、绘制各楼层的构件图元，严禁在当前层采用调整标高方式定义绘制非当前层图元。

如：二层的柱，就在二层定义绘制；严禁在一层或三层采用调整标高方式绘制二层的柱，其他构件图元同理。

（5）内外墙体定义

内外墙对于设计来说，其受力、配筋、构造等都会有所不同，但设计时一般都是人为根据图纸来判断内外。使用 BIM 进行设计建模应考虑后续的承接应用以及自动化的需要，因此，需要在建模时严格区分内外墙。使用 Revit 建模时，区分内外墙的方法如下：墙构件定义界面，选择"编辑类型"，弹出窗体后选择功能"属性项，其属性值有"内部"、"外部"两个属性值，按照内外墙选择相应的是内部还是外部即可。

2.详细构件文件命名

专业（A/S）-名称/尺寸-混凝土等级/砌体强度-构件类型字样。举例：S-厚 800-C40P10-筏板基础。

说明：

A——代表建筑专业，S——代表结构专业；

名称/尺寸——填写构件名称或者构件尺寸（如：厚 800mm）；

混凝土等级/砌体强度——填写混凝土或者砖砌体的强度等级（如：C40）；

具体构件类型——详见表 2-2-1。

构件类型表　　　　　　　　　　　　　　表 2-2-1

GCL 构件类型	对应 Revit 族名称	必须包含字样	禁止出现字样	样例
筏板基础	结构基础/楼板	"筏板基础"标识文字放在最后		S-厚 800-C35P10-筏板基础
垫层	结构板/基础楼板	"垫层"标识文字放在最后		S-厚 150-C15-垫层
集水坑	结构基础	"集水坑"标识文字放在最后		S-J1-C35-集水坑
桩承台	结构基础/独立基础	"桩承台"标识文字放在最后		S-CT1-C35-桩承台
桩	结构柱/独立基础	"桩"标识文字放在最后		S-Z1-C35-桩
现浇板	结构板/建筑板/楼板边缘		"垫层/桩承台/散水/台阶/挑檐/雨篷/屋面/坡道/天棚/楼地面"	结构板:S-厚 150-C35-厨房 S-PTB150-C35 S-TB150-C35
后浇带				S-HJD1-C40
柱	结构柱		"桩/构造柱"	S-KZ1-F1-800×800-C35 可简写成: S-KZ-800×800-C35
墙	墙/面墙	弧形墙/直形墙	"保温墙/栏板/压顶/墙面/保温层/踢脚"	S-厚 400-C35-直形墙 A-厚 200-M10
梁	梁族		"连梁/圈梁/过梁/基础梁/压顶/栏板"	S-KL1-F1-400×700-C35 可简写成: S-KL-400×700-C35
连梁	梁族	连梁	"圈梁/过梁/基础梁/压顶/栏板"	S-LL1-400×800-C35-连梁
圈梁	梁族	圈梁	"连梁/过梁/基础梁/压顶/栏板"	S-QL1-200×400-C20-圈梁
过梁	梁族	过梁	"连梁/基础梁/压顶/栏板"	S-GL1-200×400-C20-过梁
构造柱	结构柱	"构造柱"		S-GZ1-300×300-C20 构造柱
导墙	墙	导墙	"保温墙/栏板/压顶/墙面/保温层/踢脚"	S-DQ1-C20-导墙
门	门族			M1522
窗	窗族			C1520
楼梯	楼梯	直行楼梯/旋转楼梯		LT1-直行楼梯

GCL 构件类型	对应 Revit 族名称	必须包含字样	禁止出现字样	样例
坡道	坡道/楼板	"坡道"标识文字放在最后		S-C35-坡道
幕墙	幕墙			A-MQ1

2.3 设置建模样板的方法

打开【Revit2016】软件后，在主界面的项目环境区域我们可以看到 Revit 自带了多个样板，如：构造样板、建筑样板、结构样板、机械样板等，在新建项目时，可以根据要创建的不同专业选择不同的样板文件，下面为大家逐一简单介绍：

建筑样板主要针对建筑专业，结构样板针对结构专业，机械样板针对水暖电全机电专业，根据不同专业的划分，对单位、填充样式、线样式、线宽、视图比例等不同构件、不同建筑的显示不同。

以"建筑样板"和"结构样板"举例如下：

例如门、窗都属于建筑样板，而柱、梁属于结构样板，首先打开建筑样板，可以看到载入的门窗是实例，而梁和柱只有一个工字型轻钢梁和常规柱，如图 2-3-1 和图 2-3-2 所示。

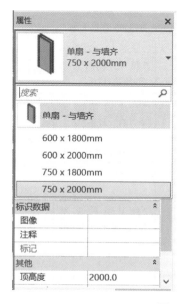
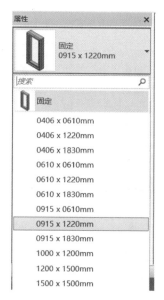

图 2-3-1

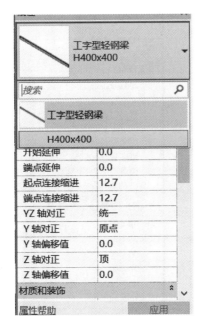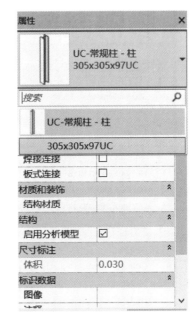

图 2-3-2

接下来打开结构样板，可以看到载入的门窗不再是实例，而是洞口，而梁和柱的种类更多，如图 2-3-3 和图 2-3-4 所示。

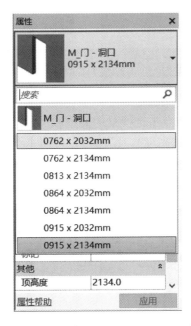

图 2-3-3

我们可以选择新建样板，也可以直接双击与所建模型对应的样板。

图 2-3-4

2.4 结构梁的绘制步骤

首先，选择【结构】选项卡中的【梁】工具，点击选择梁的类型和尺寸。先确定梁的参照平面，其次输入 Z 的偏移值（也就是梁的偏移高度），结构可以按照主梁或者次梁等用途填写，最后取消勾选"启用分析模型"，设置完成后开始进行绘制，依照柱修改材质的方法，梁也可以增加或者修改材质，如图 2-4-1 和图 2-4-2 所示。

图 2-4-1

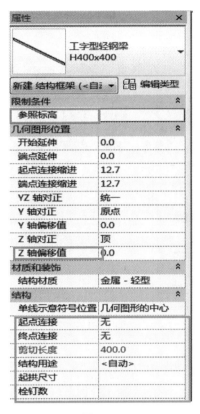

图 2-4-2

2.1
梁的创建

　　其次，在实际项目中有些梁的两端高度不同。因此在绘制时，可以先绘制为水平的梁，然后单击梁，选择梁属性栏中的"起点偏移和终点偏移"，输入不同的数值便可以实现倾斜梁的绘制。

2.5　墙的创建

　　打开或新建 Revit 文件 选择要创建结构墙的楼层，在建筑或者结构的选项卡中的墙的下拉列表中单击【结构墙】。

　　【结构】选项卡【构建】面板【墙】下拉列表（墙：结构）如图 2-5-1 所示。

　　【建筑】选项卡【构建】面板【墙】下拉列表（墙：结构）如图 2-5-2 所示。

　　在【属性】选项板上的【类型选择器】下拉列表中选择墙的族类型，如图 2-5-3 所示。

　　如果需要修改属性，可以通过单击【属性】选项板，修改要放置的墙的实例属性。或者在【属性】选项板中单击【编辑类型】，修改要放置的墙的类型参数，两个位置的参数相同，如图 2-5-4 所示。

2.2
2~4层
的创建

图 2-5-1

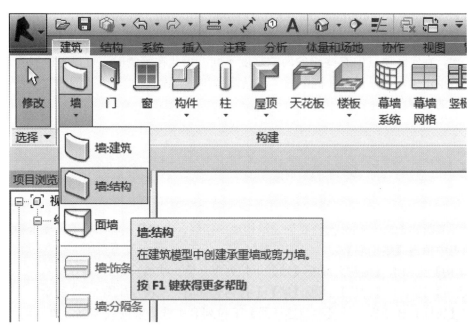

图 2-5-2

图 2-5-3

图 2-5-4

编辑完成，绘制完成墙的平面图以及三维效果图，如图 2-5-5 和图 2-5-6 所示。

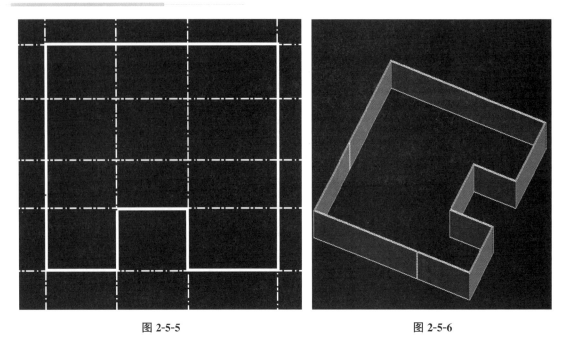

图 2-5-5 　　　　　　　　　　　　　　　　　　　　图 2-5-6

2.6　柱的创建

2.3
柱的创建

　　首先选择【结构】选项卡中的【柱】工具，编辑柱的尺寸，选择标高 1，使用【高度】，输入柱的高度，单击【确定】是指结构柱由本层标高向下偏移；【高度】是指由本层标高向上偏移）如图 2-6-1 所示。

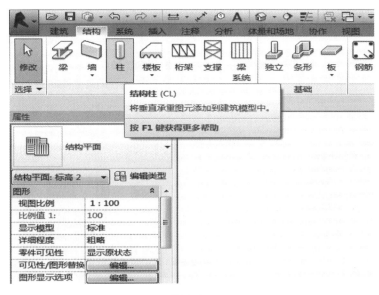

图 2-6-1

　　绘制完成后，如果柱的高度有问题可以单击选中柱，在左侧属性栏中对其进行修改，同时点击【编辑属性】，可以复制新的柱尺寸类型，以便于其他位置的模型绘制。选中柱子时，属性栏中的【材质和装饰】里面可以对柱子的材质及色彩进行调整。如图 2-6-2～图 2-6-4 所示。

图 2-6-2

图 2-6-3

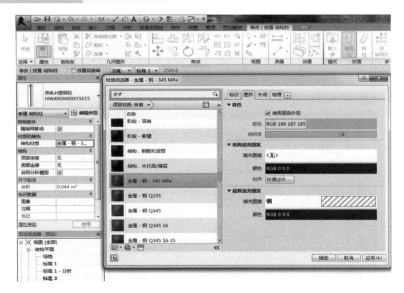

图 2-6-4

2.7 桁架

随着时代发展，近年来桁架结构应用广泛。桁架结构中的桁架指的是桁架梁，是格构化的一种梁式结构。桁架结构常用于大跨度的厂房、展览馆、体育馆和桥梁等公共建筑中。由于大多用于建筑的屋盖结构，桁架通常也被称作屋架。只受结点荷载作用的等直杆的理想铰接体系称为桁架结构。

1. 结构桁架族的创建

打开【Revit2016】软件，在族环境中，选择【新建】族样板，在弹出来的界面中，选择【公制结构桁架】，如图 2-7-1 所示。

图 2-7-1

　　绘制参照平面，用来控制桁架的高度与宽度，进行标注，并赋予参数 a、b，如图 2-7-2 所示。

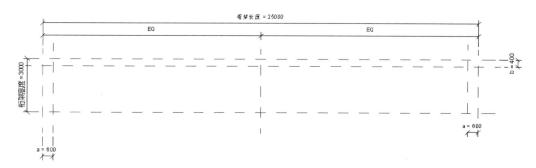

图 2-7-2

　　在横向创建两条参照平面，赋予参数 h_1、h_2，竖向绘制几条参照平面，进行 EQ 均分，绘制参照平面会对即将绘制的桁架起到限制作用，所以根据桁架进行参照平面的绘制，如图 2-7-3 所示。

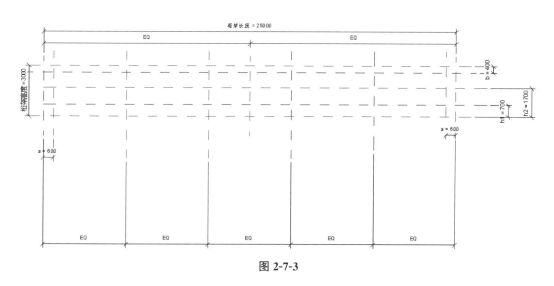

图 2-7-3

　　在【创建】选项板中，分为上弦杆、下弦杆和腹杆三种，如图 2-7-4 所示。

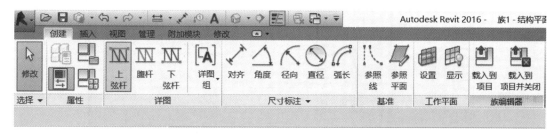

图 2-7-4

　　粉色线为上弦杆，蓝色线为下弦杆，绿色线为下弦杆，如图 2-7-5 所示。

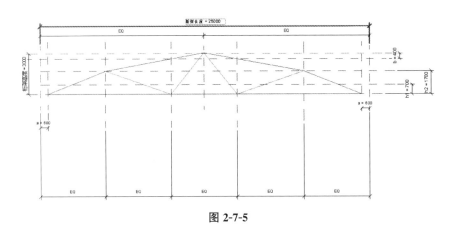

图 2-7-5

【新建】一个项目为结构样板，单击确定，如图 2-7-6 所示。

图 2-7-6

默认界面【标高一】，按住键盘【Ctrl】＋【Tab】键，返回绘制族界面，单击【载入到项目】，通过绘制【参照平面】进行放置桁架，这样桁架就创建并载入完成了。

可以通过【阵列】命令进行多个放置，在【项目】中，单击【插入】选项卡，【从库中载入】面板【载入框架族】，如图 2-7-7 所示。

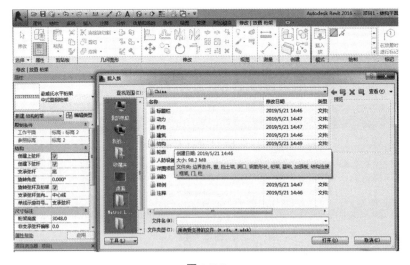

图 2-7-7

结构桁架族样板提供了五个永久性参照平面：顶、底、左、中心和右；左平面和右平面指示桁架的跨度距离，可以通过【类型属性】进行编辑，如图 2-7-8 所示。

图 2-7-8

2. 删除桁架

可以从项目中删除桁架族，并将其弦杆和腹杆保持在原来的位置。

选择桁架，单击"修改 ｜ 结构桁架"选项卡【修改桁架】面板【删除桁架族】，【修改桁架】面板，【删除桁架族】如图 2-7-9 所示。

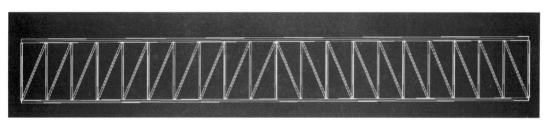

图 2-7-9

2.8 支撑

打开项目文件并打开要放置的平面视图，如图 2-8-1 所示。

单击【结构】选项卡【结构】面板【支撑】，如图 2-8-2 所示。

从【属性】选项版上的【类型选择器】下拉列表中选择适当的支撑，如图 2-8-3 所示。

在选项栏和编辑类型里面编辑定位信息要放置的支撑的属性，如图 2-8-4～图 2-8-6 所示。

图 2-8-1

图 2-8-2

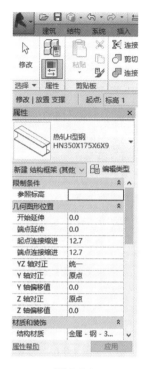

图 2-8-3

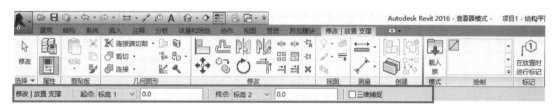

图 2-8-4

图 2-8-5

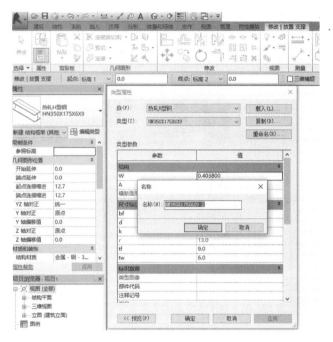

图 2-8-6

没有合适的支撑通过载入族方式加载相应的族，如图 2-8-7 所示。

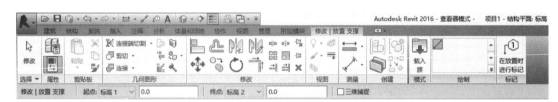

图 2-8-7

在绘制区域中高亮显示从中开始支撑上的捕捉点，例如在结构柱上单击以放置起点，按对角线方向移动指针以绘制支撑，并将光标靠近另一结构图元以捕捉到已放置终点，如图 2-8-8 所示。

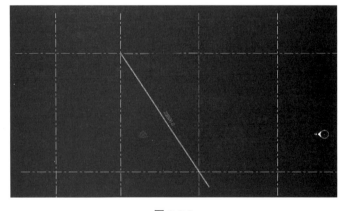

图 2-8-8

进入三维视图查看效果，如图 2-8-9 所示。

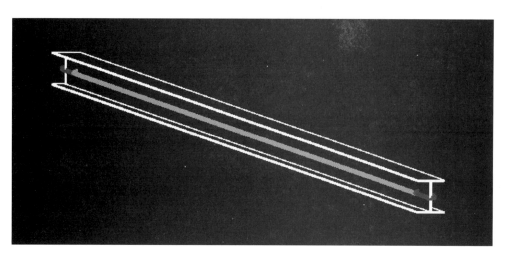

图 2-8-9

2.9　梁系统

在新建的【建筑模型】里面选择【结构】选项卡，单击【梁】，如图 2-9-1 所示。

图 2-9-1

选择即将绘制梁的平面标高，梁的【结构用途】也可以修改为【大梁】，如图 2-9-2 所示。

进入到选择好的标高平面内，绘制好一条梁在平面视图里面（可能不可见）如图 2-9-3 所示。

当转到 3D 的视图下就可以看到刚刚的标高下放置有一根梁，梁的形式可以导入，如图 2-9-4 和图 2-9-5 所示。

图 2-9-2

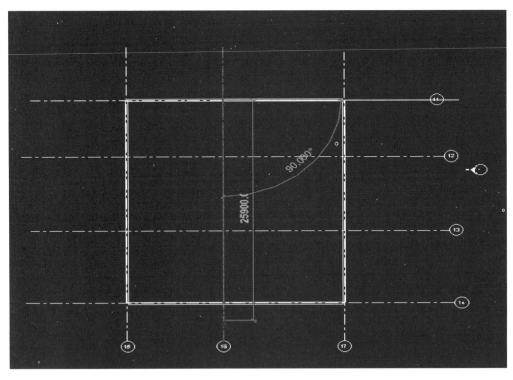

图 2-9-3

图 2-9-4

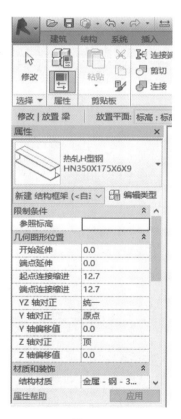

图 2-9-5

在梁的【修改/放置梁】的选项卡中，也和柱子一样有【多个】，可以选择【在轴网上】就可以同时布置【多个】梁，如图 2-9-6 所示。

图 2-9-6

框选好位置，里面就会自动生成一排梁，如图 2-9-7 和图 2-9-8 所示。

图 2-9-7

图 2-9-8

梁的细节和类型，可以在【属性】中进行调整，如图 2-9-9 所示。

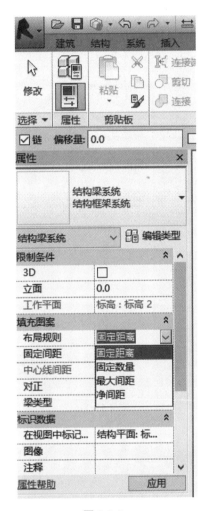

图 2-9-9

2.10   独立基础

打开一个 Revit 项目文件，如图 2-10-1 和图 2-10-2 所示。

选择要创建独立基础的视图，如图 2-10-3 所示。

单击【结构】选项卡【基础】面板（独立），如图 2-10-4 所示。

从【属性】选项板上的【类型选择器】中，选择一种独立基础，如图 2-10-5 所示。

单击平面视图或三维视图中的绘图区域以放置独立基础，如图 2-10-6 所示。

2.4
标高、轴
网、基础
的创建

图 2-10-1

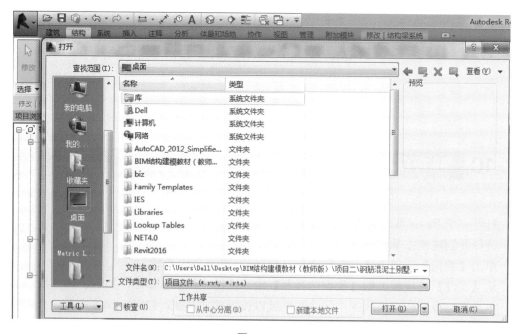

图 2-10-2

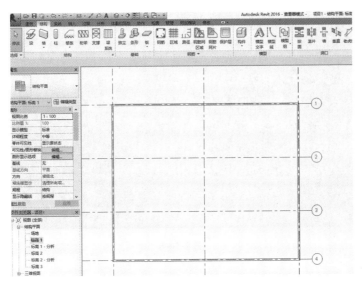

图 2-10-3

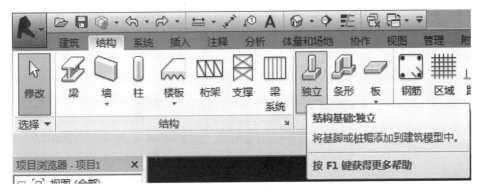

图 2-10-4

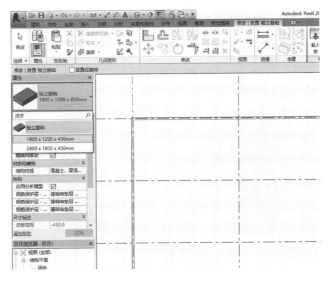

图 2-10-5

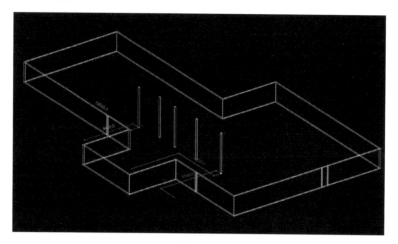

图 2-10-6

2.11 条形

打开一个 Revit 项目文件，如图 2-11-1 所示。

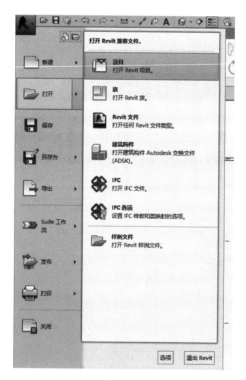

图 2-11-1

选择一个要创建条形基础的视图，如图 2-11-2 所示。

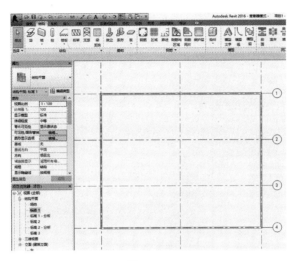

图 2-11-2

单击【结构】选项卡【基础】面板（墙），如图 2-11-3 所示。

图 2-11-3

从【类型选择器】中选择【挡土墙基础】或【承重基础】类型，如图 2-11-4 所示。编辑类型，如图 2-11-5 所示。

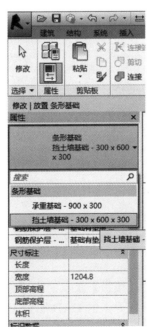

图 2-11-4

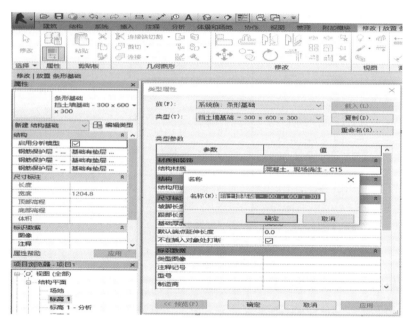

图 2-11-5

选择要使用条形基础的墙并进入三维视图查看效果，如图 2-11-6 所示。

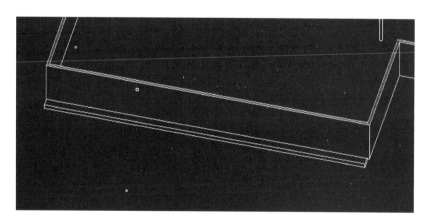

图 2-11-6

2.12 结构底板的绘制步骤

首先，单击【结构】面板中的【楼板】工具。在【创建楼板边界】选项卡下，【绘制】面板中，单击【拾取线】工具，拾取导入的 CAD 图纸上的边线作为楼板的边界，然后单击【编辑】面板中的【修剪】工具，使楼板边界闭合，如图 2-12-1 所示。

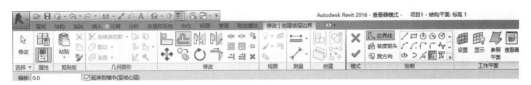

图 2-12-1

其次，点击【确定】，在底板左侧的属性栏中，单击【编辑类型】工具，然后可以对结构底板的材质及厚度进行更改，设置完成后点击确定，结构底板便绘制完成，如图 2-12-2 和图 2-12-3 所示。

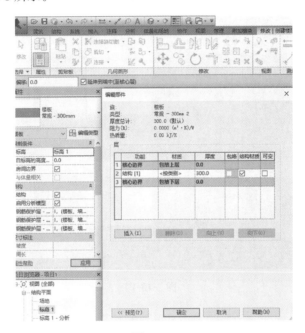

图 2-12-2

2.5
楼板的
创建

2.6
女儿墙
的创建

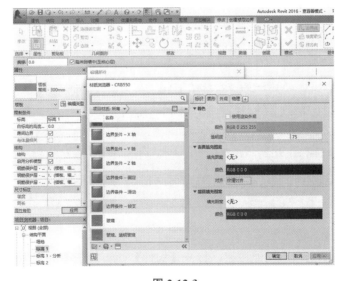

图 2-12-3

2.13 构件

用 Revit 打开项目文件，打开用于要放置的构件类型的项目，如图 2-13-1 和图 2-13-2 所示。

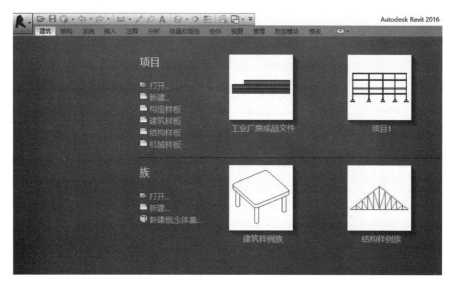

图 2-13-1

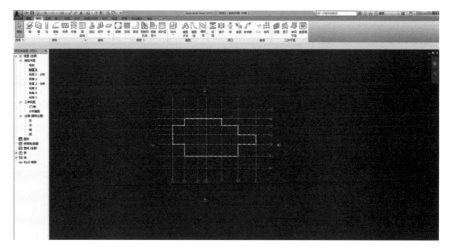

图 2-13-2

在功能区上，单击相应功能按钮，打开【构件】面板。下图分别为【建筑】选项卡打开方式，【结构】选项卡打开方式，如图 2-13-3 和图 2-13-4 所示。

图 2-13-3

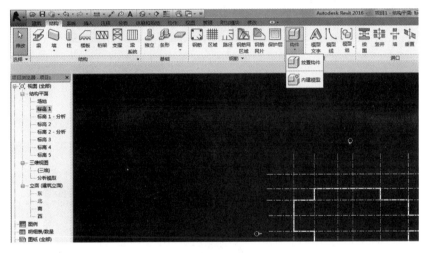

图 2-13-4

单击【属性】选项板顶部的【类型选项器】中，选择所需的构建类型，如图 2-13-5 所示。

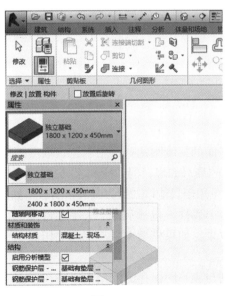

图 2-13-5

在绘图区域中，移动光标直到构建的预览图像位于所需位置，如图 2-13-6 所示。

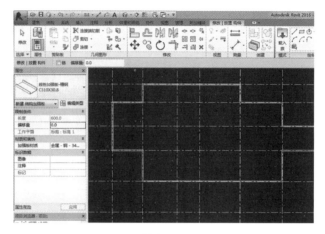

图 2-13-6

当预览图像位于所需位置和方向后，单击以放置构建，如图 2-13-7 所示。

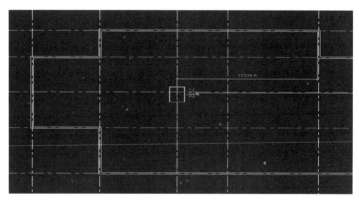

图 2-13-7

2.14 内建模型

模型文字是基于工作平面的三维图元，可用于建筑墙上的标志和字母。

对于能以三维方式显示的族（如墙、门、窗和家具族），可以在项目视图和族编辑器中添加模型文字。模型文字不可用于只能以二维方式表示的族，如注释、详图构件和轮廓族。

可以指定模型文字的多个属性，包括字体、大小和材质。

模型文字上的剖切面效果：如果模型文字与视图剖切面相交，则前者在平面视图中显示为截面。

如果族显示为截面，则与族一同保存的模型文字将在平面视图或天花板投影平面视图中被剖切。如果该族不可剖切，则它不会显示为截面。

1. Revit 添加模型文字的具体步骤

（1）设置要在其中显示文字的工作平面。

（2）单击 A（模型文字）。

【建筑】选项卡，【模型】面板，A（模型文字）。

【结构】选项卡，【模型】面板，A（模型文字）。

（3）在【编辑文字】对话框中输入文字，并单击【确定】将光标放置到绘图区域中。

（4）移动光标时，会显示模型文字的预览图像。

（5）将光标移到所需的位置，并单击鼠标以放置模型文字。

2. Revit 编辑模型文字的具体步骤

（1）注意与族一同保存的且载入到项目中的模型文字不可在项目视图中编辑。

（2）在绘图区域中，选择模型文字。

（3）单击【修改】【常规模型】选项卡，【文字】面板，A（编辑文字）。

（4）在【编辑文字】对话框中，根据需要修改文字。

（5）单击【确定】。

2.15　模型线

使用【模型线】工具将三维直线添加到设计中。

打开或者新建一个模型项目，并三维视图或要创建模型线的平面视图，如图 2-15-1 所示。

图 2-15-1

单击【建筑】选项卡【模型】面板（模型线），如图 2-15-2 所示。

或者【结构】选项卡【模型】面板（模型线），如图 2-15-3 所示。

图 2-15-2

图 2-15-3

在【绘制】里面要选择添加的模型线方式，如图 2-15-4 所示。

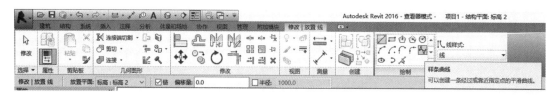

图 2-15-4

选择与要添加的线型，如图 2-15-5 和图 2-15-6 所示。

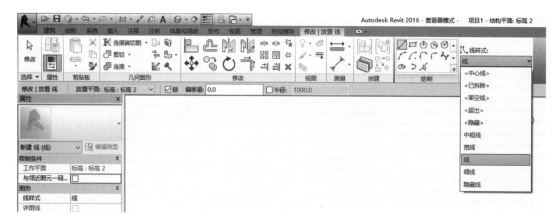

图 2-15-5

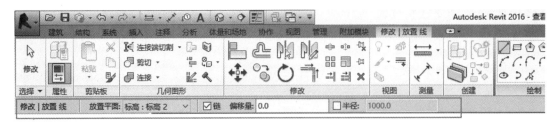

图 2-15-6

绘制模型线，并进入三维视图查看效果，如图 2-15-7 所示。

图 2-15-7

2.16　洞口

在 Revit 中使用【洞口】工具，可以在墙、楼板、天花板、屋顶、结构梁、支撑和结构柱上剪切洞口。

在剪切楼板、天花板或屋顶时，可以选择竖直剪切或垂直于表面进行剪切。还可以使用绘图工具来绘制复杂形状。

在墙上剪切洞口时，可以在直墙或弧形墙上绘制一个矩形洞口（对于墙，只能创建矩形洞口，不能创建圆形或多边形形状。创建族时，可以在族几何图形中绘制洞口）。

Revit 在直墙或弯曲墙上剪切矩形洞口，方式如下：

打开可访问作为洞口主体的墙的立面或剖面视图，选择将作为洞口主体的墙，绘制一个矩形洞口，待指定洞口的最后一点之后，将显示此洞口，若要修改洞口，单击【修改】，然后再选择洞口。也可以使用拖曳控制柄修改洞口的尺寸和位置，将洞口拖曳到同一面墙上的新位置，然后为洞口添加尺寸标注。

Revit 在楼板、屋顶和天花板上剪切洞口，方式如下：

可以在屋顶、楼板或天花板上剪切洞口（例如用于安放烟囱）。可以选择这些图元的面剪切洞口，也可以选择整个图元进行垂直剪切。如果选择了【按面】，则在楼板、天花板或屋顶中选择一个面；如果选择了【垂直】，则选择整个图元，Revit 将进入草图模式，可以在此模式下创建任意形状的洞口，通过绘制线或拾取墙来绘制竖井洞口。

提示：通常会在主体图元上绘制竖井，例如在平面视图中的楼板上。如果需要，可将符号线添加到洞口，绘制完竖井后，单击【完成洞口】。要调整洞口剪切的标高，则选择洞口，然后在【属性】选项板上进行下列调整，为【墙底定位标高】指定竖井起点的标高。

练习题

一、单选题

1. 以下不包括在 Revit【结构】，【基础】的命令是（　　）。

A. 条形　　　　　　B. 独立　　　　　　C. 筏板　　　　　　D. 板

2. 在以下 Revit 用户界面中可以关闭的界面是（　　）。

A. 绘图区域　　　　B. 项目浏览器　　　C. 功能区　　　　　D. 视图控制栏

3. 定义平面视图主要范围的平面不包括以下哪个面？（　　）

A. 顶部平面　　　　B. 标高平面　　　　C. 剖切面　　　　　D. 底部平面

4. 视图详细程度不包括（　　）。

A. 精细　　　　　　B. 粗略　　　　　　C. 中等　　　　　　D. 一般

5. 在 Revit 中，应用于尺寸标注参照的相对限制条件的符号是（　　）。

A. EO　　　　　　　B. OE　　　　　　　C. EQ　　　　　　　D. QE

二、多选题

6. Revit 中族分类分为以下几种？（　　）

A. 可载入族　　　　B. 系统族　　　　　C. 嵌套族　　　　　D. 体量族

E. 内建族

7. Revit 中进行图元选择的方式有哪几种？（　　）

A. 按鼠标滚轮选择　　　　　　　　　B. 按过滤器选择

C. 按 Tab 键选择　　　　　　　　　　D. 单击选择

E. 框选

扫一扫，
看答案

▶▶ 教学单元 3　综合楼结构建模解析

3.1　新建项目

启动 Revit 软件，在界面的左侧【项目】中，单击【结构样板】，如图 3-1-1 所示。

项目创建完成后要对已创建的项目进行保存，单击软件界面左上角图标，在弹出的下拉菜单中依次单击【另存为】→【项目】，如图 3-1-2 所示。

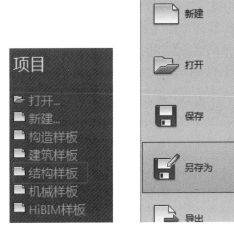

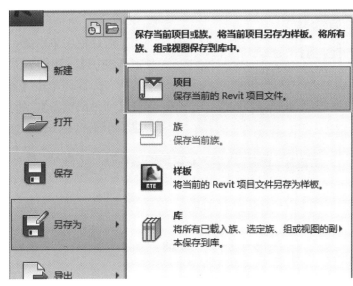

图 3-1-1

图 3-1-2

3.2　创建标高和轴网

在 Revit 当中首先要创建标高轴网部分，几乎所有的结构构件都是基于标高轴网进行创建的。标高的改动，构件也会随之改动。标高代表着一个平面的高度，轴网则是对平面尺寸的细部划分。

3.1
标高的
创建

1. 创建标高

在 Revit 中任意立面绘制标高，其他立面中都会显示，首先在东立面视图绘制所需要

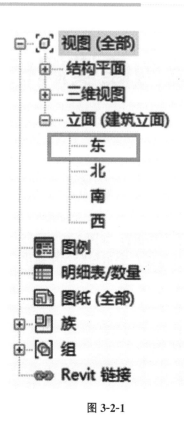

图 3-2-1

的标高，双击项目浏览器中【立面（结构平面）】，然后双击【东】进入东立面视图，如图 3-2-1 所示，系统默认设置两个标高——标高 1 和标高 2。单击【结构】选项卡中【基准】面板的【标高】命令，根据所给的尺寸进行标高的绘制。由于所需绘制的楼层层数较多，可用【复制】命令来进行多个间距的标高绘制，勾选【约束】、【多个】，如图 3-2-2 所示。修改绘制的标高的标头与楼层高度改为一致，鼠标双击标头位置即可对标头的名称进行修改如图 3-2-3 所示。

标高绘制完成后，在【项目浏览器】中的【结构平面】中，通过复制命令绘制的标高未生成在相应的视图中，如图 3-2-4 所示。

单击【视图】选项卡，依次单击【平面视图】-【结构平面】，如图 3-2-5 所示。在弹出的【新建结构平面】对话框中单击第一个标高，图例 0.0，按住键盘上【Shift】，移动到最后一项，图例 "12.250"，全选所有标高，单击【确定】，如图 3-2-6 所示再次观察【项目浏览器】，所有复制和阵列生成的标高已创建了相应的平面视图。

修改｜标高	☑约束 □分开 ☑多个

图 3-2-2

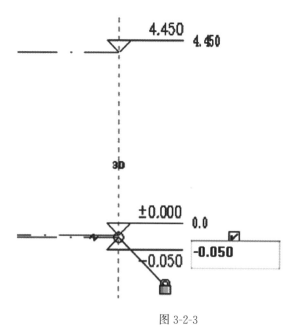

图 3-2-3

图 3-2-4

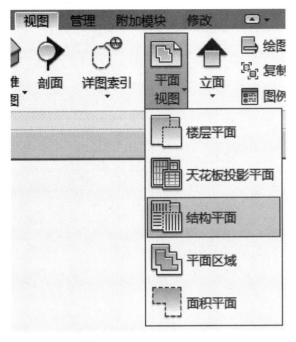

图 3-2-5　　　　　　　　　　　　　　　　图 3-2-6

在标高绘制完成之后，如与出图标准不符需要对标高的样式进行修改。例如标头样式、标高名称、标高线型等。选择需要进行修改的标高，点击【编辑类型】可以对标头、线宽、颜色、线型图案进行修改，如果标高之间的间距较近，导致标头出现重合情况。单

击"添加弯头"图标 将标头拖曳到适当位置。

2. 创建修改轴网

在 Revit 中轴网的绘制与 Autodesk CAD 的绘制方式没有太大区别。但需要注意的是，Revit 当中的轴网具有三维属性，它与标高共同构成了模型当中的三维网格定位体系。多数构件与轴网也有密切联系，如结构柱与梁。

3.2 轴网的创建

使用轴网工具在【结构平面】中选择任意平面绘制都会关联到其他平面，单击【基准】中的【轴网】选项，在【绘制】面板中选择【直线】在草图绘制区任意选择，单击确定起始点，当轴线满足一定宽度时单击完成。Revit 会自动为每个轴线编号，可以使用阿拉伯数字或英文字母作为轴线的值，将第一个轴网编号后，则后续的轴网将进行相应更新。单击功能区的【复制】命令，在选项栏勾选多重复制选项【多个】和正交约束选项【约束】。移动光标到1号轴线上，单击一点为复制参考点，水平向右移动光标，依次输入间距值，如图 3-2-7 所示。

竖向轴网绘制完成之后，使用同样的方法在竖向轴线自下而上绘制水平轴线。

单击【建筑】选项卡-【基准】面板-【轴网】工具，单击刚创建的水平轴线的标头，

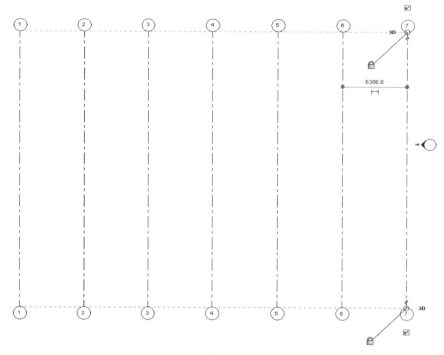

图 3-2-7

标头数字被激活，输入新的标头文字【A】，选择轴线 A，单击选项卡【复制】命令，选项栏勾选【多个】和【约束】，单击轴线 A 捕捉一点为参考点，水平向上移动光标至较远位置，依次在键盘上输入间距值完成轴线的复制，如图 3-2-8 所示。

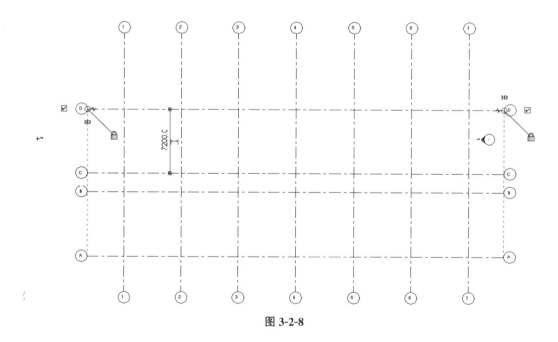

图 3-2-8

　　绘制完成后轴网的长短可通过拖动来进行修改，如果轴网处于锁定状态，可以对"平齐同向"的轴网进行拖曳，解除锁定可对轴网单条进行拖曳，如图 3-2-9 所示。

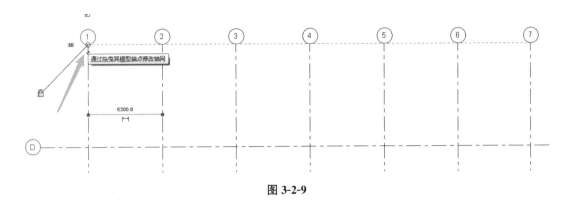

图 3-2-9

　　当轴网创建完成后，通常需要对轴网进行一些修改。如果绘制轴网之后发现轴网不是连续的，单击需要修改的轴网，在【类型选择器】中选择【6.5mm 编号】，如图 3-2-10 所示。

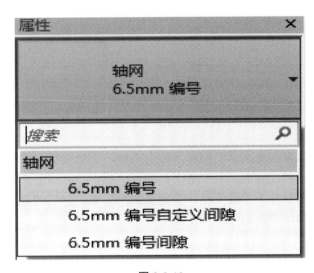

图 3-2-10

　　在轴线的末端，轴线的表头上处方框如图所示 可以显示或隐藏视图中各轴线的编号。

　　框选全部轴线，单击【修改/轴网】选项卡-【基准】面板-【影响范围】工具，在弹出的【影响基准范围】对话框中，单击选择【结构平面：标高】，按住【Shift】键选中视图名称【楼层平面：场地】，所有楼层及场地平面，单击被选择的视图名称左侧矩形选框，勾选所有被选择的视图，单击【确定】按钮完成应用，如图 3-2-11 所示。

图 3-2-11

3.3 创建基础

　　建筑埋在地面以下的部分称为基础。承受由基础传来荷载的土层称为地基，位于基础底面下第一层土称为持力层，在其以下土层称为下卧层。地基和基础都是地下隐蔽工程，是建筑物的根本，它们的勘察、设计和施工质量关系到整个建筑的安全和正常使用。

　　在创建基础之前，需要绘制所需的可变参数族。打开【项目浏览器】单击【结构平面】在【基础底】标高中绘制基础。在 Revit 中点击【结构】选项卡在【基础】样板中点击【独立基础】，如图 3-3-1 所示。

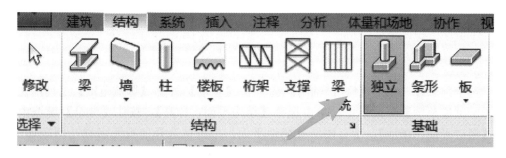

图 3-3-1

单击【属性】浏览器中的【编辑类型】载入所绘制好的可变参数族，点击【载入】找到绘制完成的可变参数族，如图 3-3-2 所示。

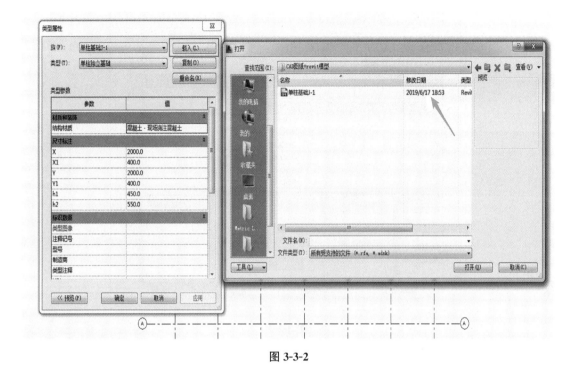

图 3-3-2

注：可变参数族需要自己创建，载入的文件夹中未给出可变参数族。可变参数族通过修改数值对族进行修改。

对载入的可变参数族的数据进行修改并重新赋予一个名称，如图 3-3-3 所示。根据图纸在轴网的交点处布置基础【J-1】对其余基础的参数进行修改，当第【J-1】绘制完成后，再次绘制时需要进行复制并重新命名，如图 3-3-4 所示。依次布置【J-2】、【J-3】、【J-4】。

由于【J-4】的基础并未在轴网的交点上，此时需要做一条辅助线。点击【结构】选项卡在【工作平面】中找到【参照平面】，在 B 轴与 C 轴之间绘制一条参照平面。点击选项卡最上方的【尺寸标注】，如图 3-3-5 所示，连续标注 C 轴、参照平面与 B 轴，拖曳到空白处单击鼠标左键完成尺寸标注。点击标注之间的【EQ】即等分命令，即可找到 B、C 轴中点如图 3-3-6 所示。

载入的基础与图中基础样式不符则单击【空格】键，即可对基础方向的修改，如图 3-3-7 所示。如果基础尺寸插入有偏差，可对基础进行标注后，再次点击基础可对基础的位置进行修改如图 3-3-8 所示。

如果轴网的类型参数相同，可选择在轴网交点处布置。在【修改│放置 独立基础】中找到【多个】选项卡，单击【在轴网交点处】可对相同的基础进行框选布置，布置的基础会自动在轴网的交点处生成基础。

注：此项目中基础类型较多不易用【在轴网交点处】，如果基础样式相同可采用此种办法，本章不做详细讲解。

图 3-3-3

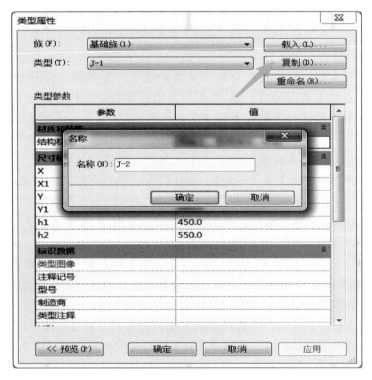

图 3-3-4

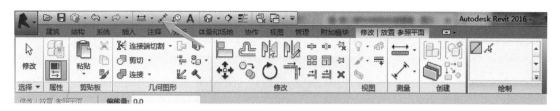

图 3-3-5

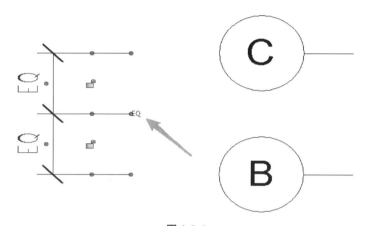

图 3-3-6

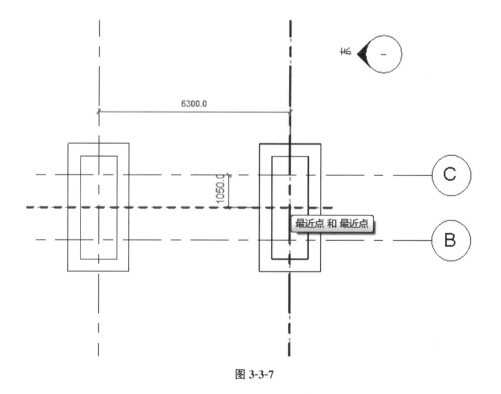

图 3-3-7

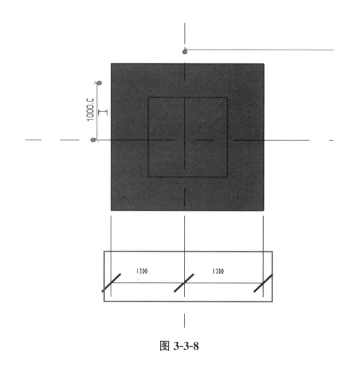

图 3-3-8

3.4 创建柱

构造柱是指为了增强建筑物的整体性和稳定性，多层砖混结构建筑的墙体中还应设置钢筋混凝土构造柱，并与各层圈梁相连接，形成能够抗弯抗剪的空间框架，它是防止房屋倒塌的一种有效措施。在 Revit 中结构柱的形式比较单一，一般与截面形式与截面尺寸紧密相关。单击【结构】→【柱】→【编辑类型】命令，在弹出的【类型属性】对话框中，点击【复制】命名为【KZ-1】并修改尺寸标注，如图 3-4-1 所示。

在柱命令对应的选项栏里，选择【高度/深度】则表示柱子从当前标高（基础顶）向上/向下添加。用户可以在基础顶选取【未连接】选择构造柱到达的高度，如图 3-4-2 所示。

注：由于 Autodesk CAD 图纸中明确说明框架柱的尺寸说明，基础顶～4.450 框架柱，4.450～屋面框架柱不同，如图 3-4-3 所示。

根据图纸，在轴网的交点上布置框架柱依次绘制【KZ-1】、【KZ-2】、【KZ-3】、【KZ-4】、【KZ-5】、【KZ-6】，如图 3-4-4 所示。

绘制完可进入到三维视图来进行查看，点击屏幕最上方的【三维视图】，如图 3-4-5 所示。

进入到三维视图之后，拖动右上角标志进行三维查看，如图 3-3-8 所示，也可以按住【Shift】与【鼠标滚轮】进行查看，如图 3-4-6 所示。

图 3-4-1

图 3-4-2

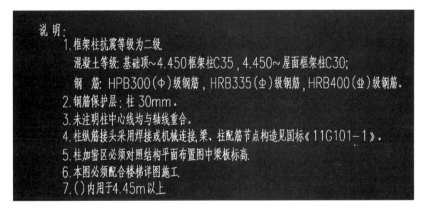

图 3-4-3

由于基础顶~4.450柱的尺寸不同，现在需要进入到4.450标高进行绘制。点击【结构平面】打开【4.450标高】。选择【结构】→【柱】，因为在之前已经创建了框架柱【KZ-1~KZ-5】只需要创建【KZ-6】，所有创建好的框架柱都可以在属性栏里面找到，创建时只需要选择对应的框架柱即可，如图3-4-7所示。

当所有的柱绘制完成之后，进入到三维视图查看柱的连接、尺寸是否正确，如图3-4-8所示。

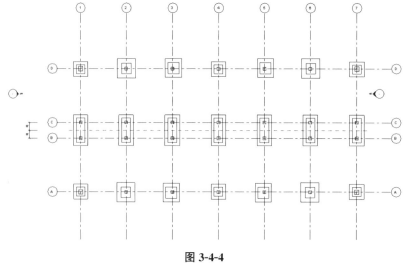

图 3-4-4

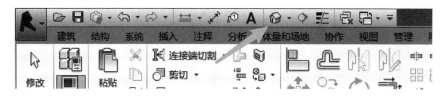

图 3-4-5

图 3-4-6

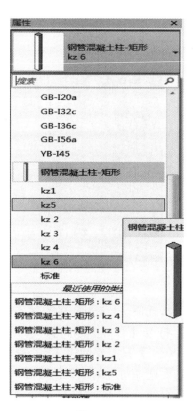

图 3-4-7

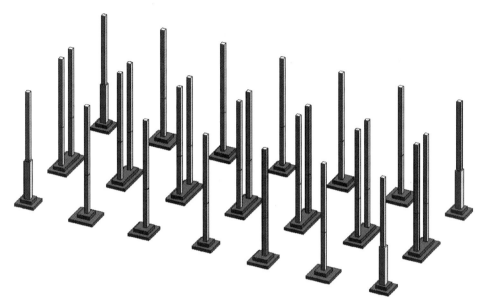

图 3-4-8

3.5 创建梁

框架梁（KL）是指两端与框架柱（KZ）相连的梁，或者两端与剪力墙相连但跨高比不小于 5 的梁。现在结构设计中，对于框架梁还有另一种观点，即需要参与抗震的梁。框架梁时锚入柱中，柱锚入基础梁内。在 Revit 中框架梁的形式多种多样，以截面尺寸、梁标高、相对应位置等基本信息作为绘制框架梁的基本重点。

3.5
梁的创建

根据 Autodesk CAD 图纸绘制的梁分别在标高【−0.050】、【4.450】、【8.350】、【12.250】、【16.150】自低到高依次绘制，在绘制梁之前，根据图纸补充缺少的拾取点。点击【结构】→【参照平面】在缺少轴网的位置绘制【参照平面】，如图 3-5-1 所示，依据图纸将轴网补充完整如图 3-5-2 所示。

点击【结构】→【梁】→【编辑类型】命令，在弹出的【编辑类型】对话框中，单击【复制】按钮，在弹出的对话框中输入【JLL-1】，单击【确定】。单击【载入】→【结构】文件夹→【框架】文件夹→【混凝土】文件夹中找到【混凝土—矩形梁】单击【打开】，如图 3-5-3 所示。

在【尺寸标注】栏中输入 b、h 数值单击【确定】，如

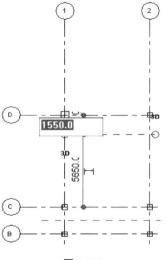

图 3-5-1

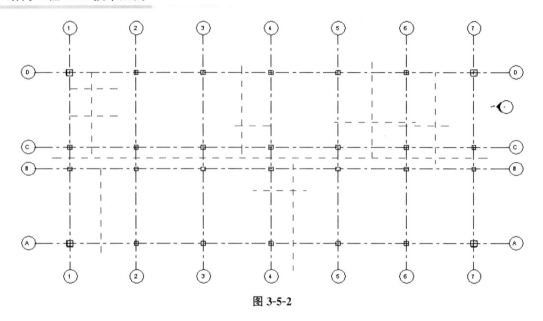

图 3-5-2

图 3-5-3

图 3-5-4 所示。

　　根据图纸完成【－0.050】标高完成基础联系梁的绘制，依次建立【JLL-1～JLL1-4】，如图 3-5-5 所示。

　　由于【4.450】以上为结构楼层，将梁的名称改为框架梁【kl1】。根据相同的方法对标高【4.450】进行绘制。单击标高【4.450】点击【结构】→【梁】→【编辑类型】命令，在弹出的对话框中，单击【复制】在弹出的对话框中输入【KZ-1】单击【确定】在【尺寸标注】栏中输入 b、h 尺寸点击【确定】，如图 3-5-6 所示。可将之前绘制的参照平面删除后重新创建参照平面，绘制完成后进入到三维视图中进行查看，如图 3-5-7 所示。

　　如果进入三维视图发现与视图不符，点击左下角【视觉样式】进行修改，如图 3-5-8 所示，单击【真实】。还可滑动鼠标滚轮对三维视图进行放大，查找细部构造连接。

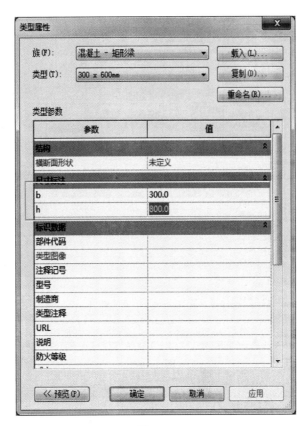

图 3-5-4

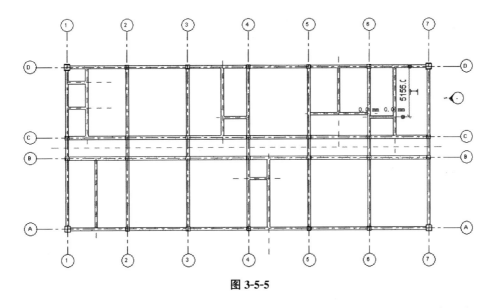

图 3-5-5

标高【4.450】绘制完成后，进入到【8.350】标高进行创建，对之前创建的参照平面进行修改，并【复制】框梁命名为【KZ1-1】【kl2-2】依次类推，创建连梁单击【结构】→【梁】→【编辑类型】命令，在弹出的对话框中，单击【复制】，在弹出的对话框中输

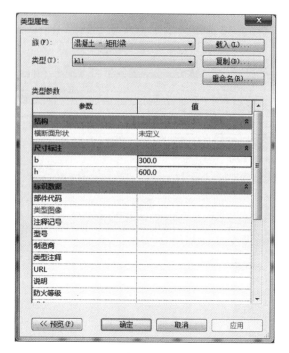

图 3-5-6

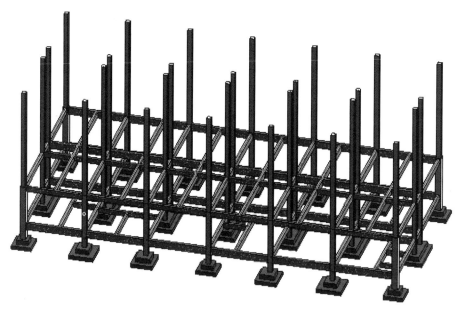

图 3-5-7

入【L-1】，单击【确定】，在【尺寸标注】栏中输入 b、h 尺寸，点击【确定】，如图 3-5-9 所示，完成标高【8.850】梁的绘制，如图 3-5-10 所示。

由于标高【8.850】与标高【12.250】梁的图纸完全相同，可以通过楼层复制来创建【12.250】标高位置的梁。单击结构平面内标高【8.350】，回到此平面，按住鼠标左键框

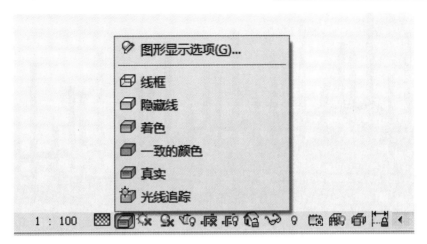

图 3-5-8

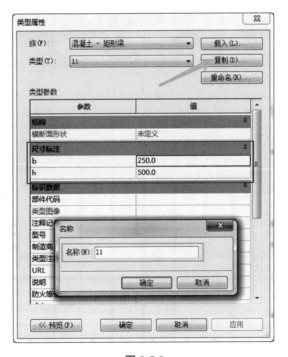

图 3-5-9

3.6
楼层的
复制

选此楼层中全部的梁构件，如图 3-5-11 所示，所框选中的图形中存在其他构件如轴网、视图等。

在【选择】选项卡中单击【过滤器】，如图 3-5-12 所示。

在弹出的【浏览器】对话框中，单击【放弃全部】勾选【结构框架】单击【确定】按钮，如图 3-5-13 所示。

在【剪贴板】选项卡单击【复制】→【粘贴】选择【与选定标高对齐】，如图 3-5-14 所示。在弹出的【选择标高】对话框中，单击标高【12.250】点击【确定】，如图 3-5-15 所示。

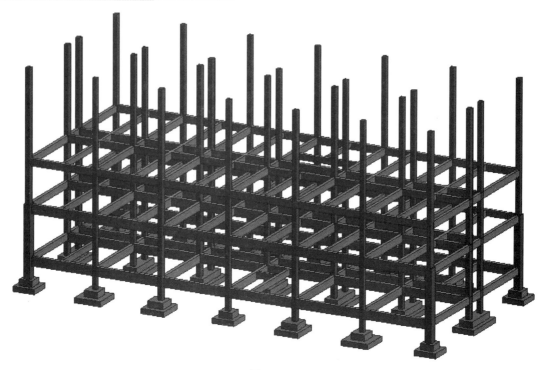

图 3-5-10

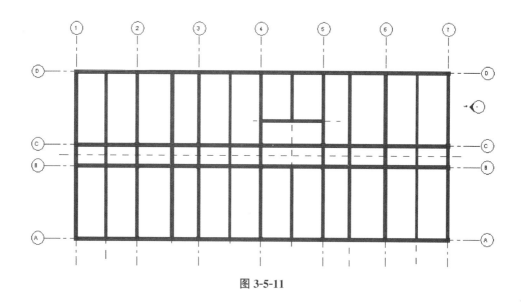

图 3-5-11

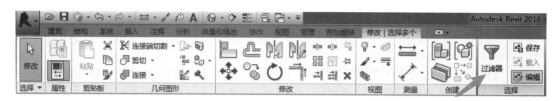

图 3-5-12

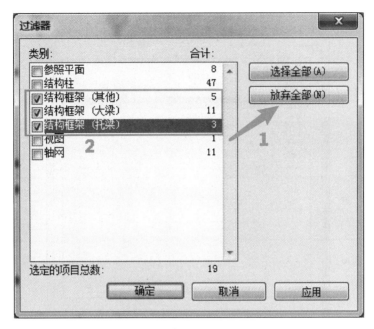

图 3-5-13

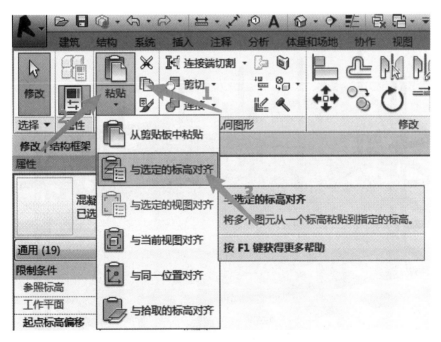

图 3-5-14

复制好的标高，如图 3-5-16 所示，此时已经完成 4 层梁的创建。

注：楼层平面图不同不可进行复制，完全相同的楼层可用复制楼层来创建。

最后进入到标高【16.150】进行创建。创建连梁单击【结构】→【梁】→【编辑类型】命令，在弹出的对话框中，单击【复制】在弹出的对话框中输入【WKL-1】，单击

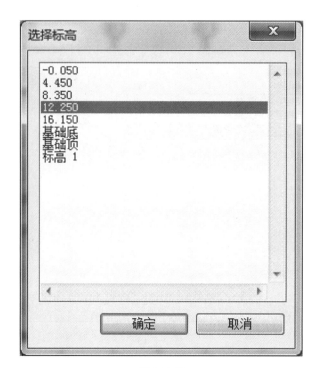

图 3-5-15

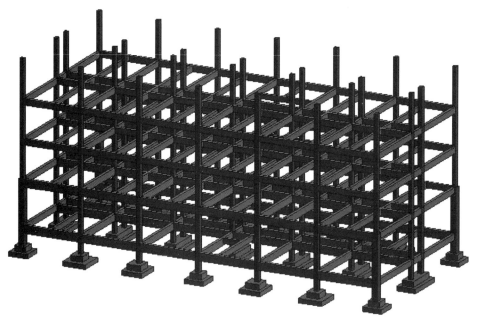

图 3-5-16

【确定】在【尺寸标注】栏中输入 b、h 尺寸点击【确定】，如图 3-5-17 所示。

依次创建【WKL-2】、【WKL-3】、【WKL-4】，并对已经创建的连梁进行选取绘制，完成全部的梁的创建，如图 3-5-18 所示。

图 3-5-17

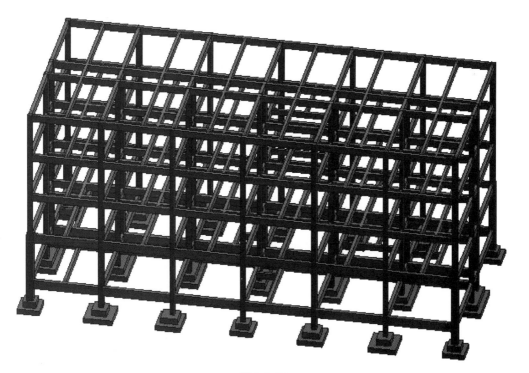

图 3-5-18

3.6 创建楼板

3.7
楼板的
创建

3.8
楼板的
修改

建筑物中水平方向分隔空间的构件。又称楼层、楼盖。如预制场生产加工的混凝土预制件、现浇房盖。创建楼板单击【结构】→【楼板】→【编辑类型】命令，在弹出的对话框中，单击【复制】在弹出的对话框中输入【LB-1】，单击【确定】，在【构造】栏【结构参数值】单击【编辑】，可在弹出的【编辑部件】对话框中选择、编辑图纸对应的【结构、厚度】。可以看到栏中结构材质是被勾选的，也就是在绘制完成后，单击楼板或其他构件，可以在其属性中，得出该构件的材质组成，这也是 BIM 优于 CAD 的理由之一。对此楼板的材质进行编辑，在材质栏单击【按类别】后，单击此栏右上角出现的三点图标，如图 3-6-1 所示。

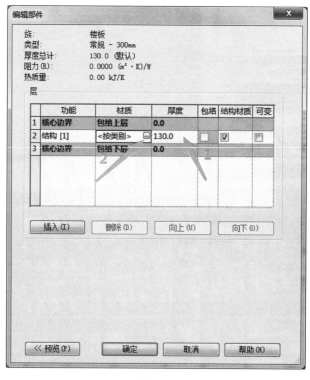

图 3-6-1

在弹出的【材质浏览器】中，搜索【混凝土】选择【现场浇筑混凝土】，如图 3-6-2 所示。

注：在图 3-6-2 右半部分中，可以对其标识、图形、外观对应图纸进行调整，调整完毕要勾选【使用渲染外观】，这样就可以在所绘制完成的三维图中，清晰明了地看到材质的颜色。

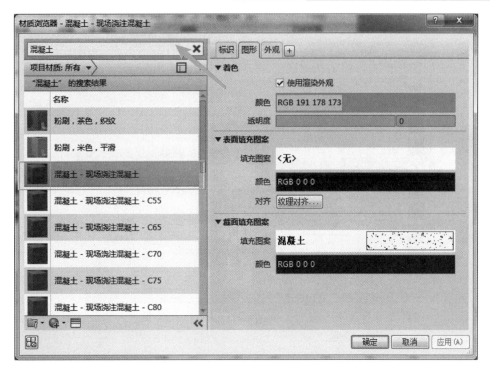

图 3-6-2

如果【材质浏览器】中没有所需材料，可进行新建材质：点击【新建并复制材质】图标-【新建材质】，如图 3-6-3 所示。将新建的材质重命名为所需名称点击【鼠标右键】→【重命名】，如图 3-6-4 所示，打开资源浏览器进行搜索，并选定所需材料，如图 3-6-5 所示。

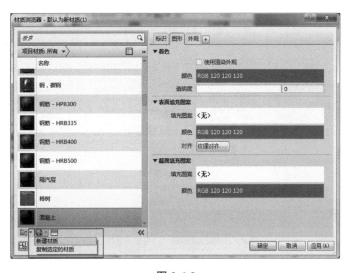

图 3-6-3

关闭【资源浏览器】，依次点击【确定】完成楼板参数的修改。开始对楼板进行绘制，单击【修改│创建楼板边界】选项卡-【绘制】面板-【边界线】的【矩形】工具，挪动光标到绘图区域绘制楼板，如图 3-6-6 所示。

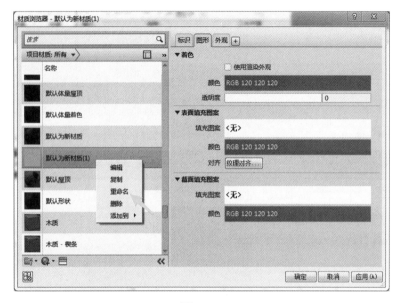

图 3-6-4

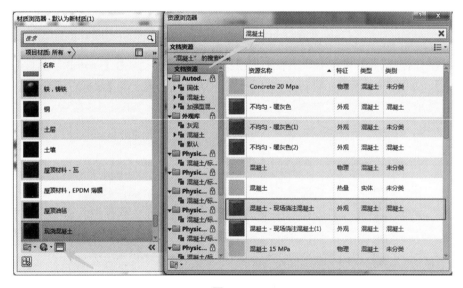

图 3-6-5

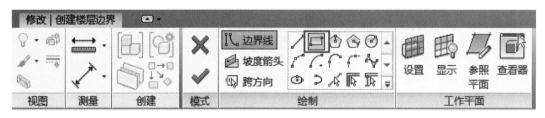

图 3-6-6

注：由于图纸中楼板的厚度不同、没有剪力墙结构，不能使用【拾取墙】、【拾取支座】命令。

对 130mm 板厚的楼板进行绘制，选择图形的角点拖曳到另一个角点，如图 3-6-7 所示，点击【模式】选项卡中的【对勾】完成板的绘制。对每块板厚 130mm 依次绘制，按【Enter】键重复上一次命令，方便对楼板的绘制。完成 130mm 板厚的楼板创建后，同样对 140mm 板厚的楼板进行绘制。在绘制 140mm 板厚的楼板时，点击【编辑类型】→【复制】在弹出的对话框中输入【LB-2】点击【确定】，在【结构】中点击编辑修改板厚为【140】单击【确定】。

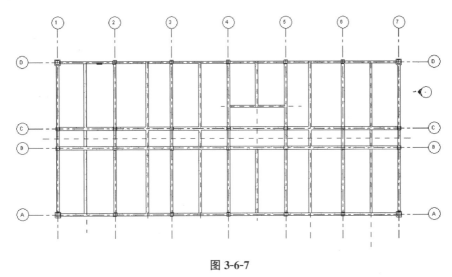

图 3-6-7

Autodesk CAD 图纸中说明未标注的楼板均为 120mm，如图 3-6-8 所示。

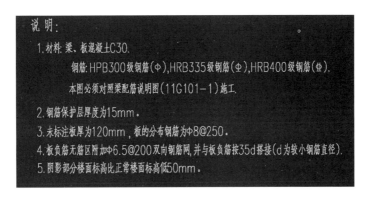

图 3-6-8

单击【结构】→【楼板】→【编辑类型】→【复制】在弹出的对话框中命名【LB-3】，在【结构参数】中编辑其楼板厚度为 120mm。当楼板绘制完成之后需要对楼板的连接进行查看，查看楼板是否连接到梁边界处。在【工作平面】中点击【查看器】可对当前楼层内所有构件进行查看，如图 3-6-9 所示，可以看到部分楼板未能连接到梁边界，回到平面视图中进行修改。

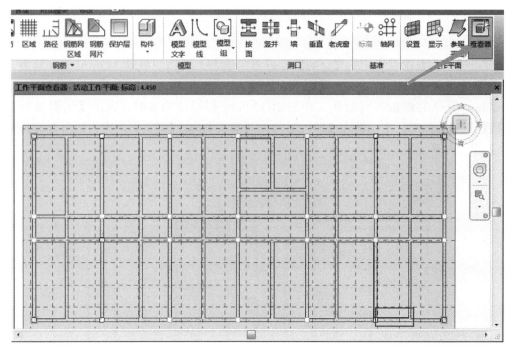

图 3-6-9

在所在视图中找到未连接到梁边界的楼板,【双击楼板】将楼板边界线拖曳到与梁边对齐,如图 3-6-10 所示,单击【对勾】完成对板的修改。

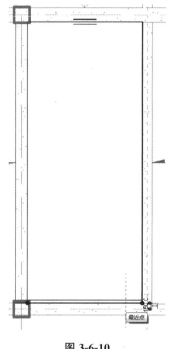

图 3-6-10

　　图纸中 4 轴与 5 轴之间的楼板需要开设洞口，可通过修改楼板边界进行开洞，也可通过竖井两种方法进行绘制。

　　方法一：双击需要开洞的楼板，点击【边界线】用【直线】命令绘制出需要开设洞口的尺寸，在【修改】选项卡中单击【拆分图元】分割多余边界线，如图 3-6-11 所示，分割完成后删除多余的线段。拆分完成后如图 3-6-12 所示。

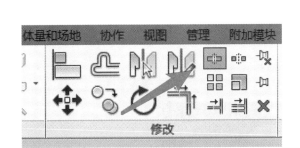

图 3-6-11

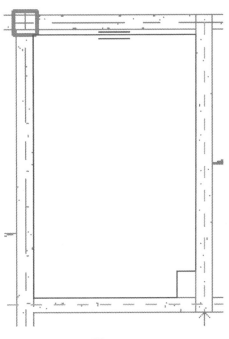

图 3-6-12

　　方法二：在【结构】选项卡中找到【洞口】点击【竖井】命令，如图 3-6-13 所示，在【边界线】中选择【直线】绘制洞口尺寸点击【对号】完成绘制，如图 3-6-14 所示，竖井可通过拖曳切割多个楼板，切换到三维视图当中，找到所绘制竖井的位置，点击【竖井】可进行拖曳，如图 3-6-15 所示，或者在【竖井洞口】编辑属性中【底部限制条件】-【底部偏移】，【顶部约束】-【顶部偏移】对竖井进行限制，效果相同。

图 3-6-13

　　图纸中给出阴影部分楼板比正常标高低 50mm，点击【阴影处楼板】按住【Ctrl】进行多个选择（选择楼板时要选择楼板边界），如图 3-6-16 所示，选择完成后在【属性】中选择【限制条件】中的【自标高的高度偏移】，如图 3-6-17 所示，输入负值则向下偏移输入正值则向上偏移。

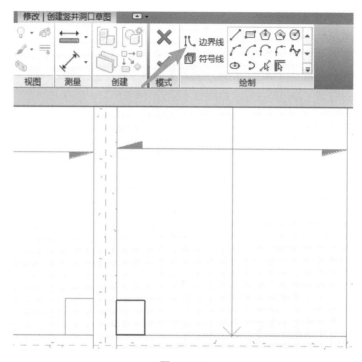

图 3-6-14

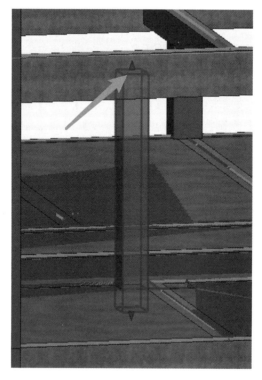

图 3-6-15

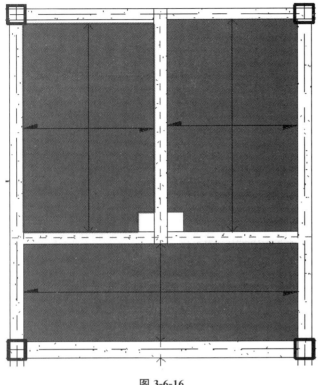

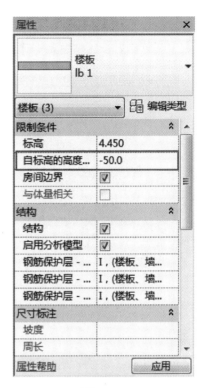

图 3-6-16　　　　　　　　　　　　　　　图 3-6-17

根据图纸绘制标高【8.350】楼板，点击【结构】→【楼板】在【属性】中选择已经创建好的楼板，如图 3-6-18 所示，【8.350】楼板与【12.350】楼板完全一致，用【复制】

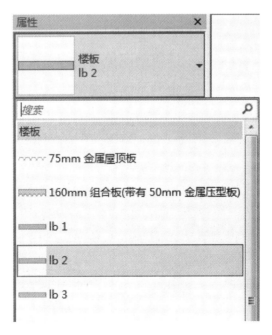

图 3-6-18

命令进行【12.350】楼板的绘制。框选当前楼层需要复制的楼板点击【过滤器】在弹出的窗口中点击【放弃全部】勾选【楼板】点击【确定】，如图 3-6-19 所示，在【剪切板】中点击【复制】→【粘贴】→【与选定标高对齐】，如图 3-6-20 所示。

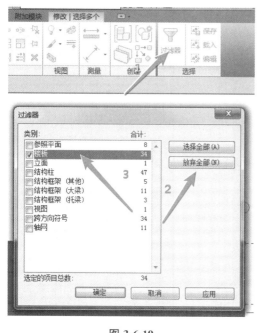

图 3-6-19

图 3-6-20

最后绘制【16.150】楼板，点击【结构】→【楼板】在【属性】中选择已经创建好的楼板绘制完成之后，如图 3-6-21 所示。

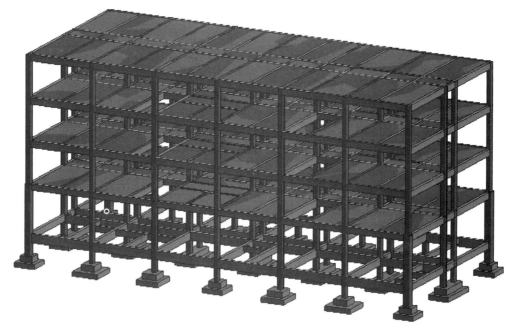

图 3-6-21

3.7　创建楼梯

3.9
楼梯的
创建

Revit 提供了两种创建楼梯的方法，分别是按构件与按草图。两种方式所创建出来的楼梯样式相同，但在绘制的过程中方法不同。按构件创建楼梯，是通过装配常见梯段、平台和支撑来创建楼梯，这种方法对于创建常规样式的双跑或三跑楼梯，尤其是对预制装配式楼梯建模非常方便；按草图绘制楼梯是通过定义楼梯梯段或绘制梯面线和边界线，在平面视图中创建楼梯，尤其是创建异型楼梯特别方便。我们通过下文实例来讲解楼梯的创建。

切换到【建筑】选项卡，然后选择【楼梯坡道】面板中的【楼梯】，如图 3-7-1 所示。

图 3-7-1

在【-0.050】平面中进行绘制，在选项栏中设置【定位线】为【梯段：右】、【实际梯段宽度】为【1200】，如图 3-7-2 所示。

| 定位线: 梯段: 右 | 偏移量: 0.0 | 实际梯段宽度: 1200.0 | ☑自动平台 |

图 3-7-2

在【属性】栏中选择【整体浇筑楼梯】，对该楼梯设置相应的标高限制条件，如图 3-7-3 所示。对照图纸对楼梯进行尺寸标注，修改【所需梯面数】为 30mm，【实际踏板深度】为 270mm，如图 3-7-4 所示。

参数修改完成后，绘制参照平面，如图 3-7-5 所示。

以右下方参照平面为起点开始绘制第一段，绘制到上方参照平面结束，按照同样的方法绘制另一侧梯段，如图 3-7-6 所示，绘制完成单击【对号】即可。

选中缓步台，拖曳到平台边缘然后对平台板进行绘制，选择【平台】点击【绘制草图】，如图 3-7-7 所示，选择【边界】→【矩形】绘制平台边界，如图 3-7-8 所示，修改平台参数点击【编辑类型】修改【整体厚度】为 120mm，单击【确定】，如图 3-7-9 所示，在属性中修改【相对高度】为【4450】，点击【确定】，如图 3-7-10 所示。

切换到三维视图，选择勾选剖面框，然后拖曳剖面框控制柄将视图剖切到合适位置，如图 3-7-11 所示。

根据图纸完成楼梯绘制，在完成绘制一侧绘制之后，选择楼梯单机【鼠标右键】→【选择全部实例】→【在整个项目中可见】，如图 3-7-12 所示，点击【镜像】，如图 3-7-13 所示，拾取 4 号轴线完成楼梯绘制，如图 3-7-14 所示。

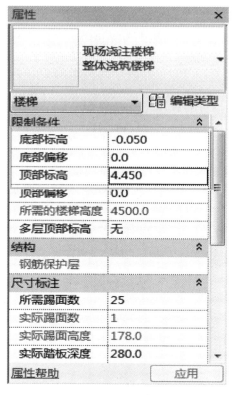

所需的楼梯高度	4500.0
多层顶部标高	无
结构	
钢筋保护层	
尺寸标注	
所需踢面数	30
实际踢面数	1
实际踢面高度	150.0
实际踏板深度	270.0
踏板/踢面起始...	1
标识数据	
图像	
注释	
标记	

图 3-7-3 · 图 3-7-4

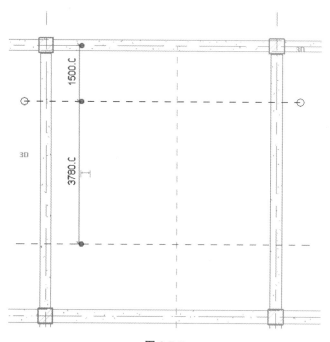

图 3-7-5

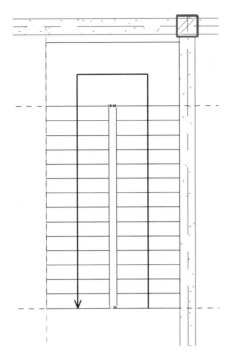

图 3-7-6

图 3-7-7

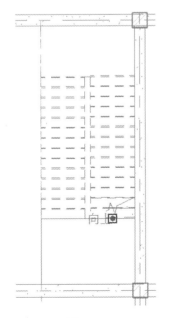

图 3-7-8

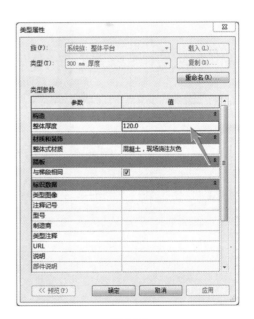

图 3-7-9

限制条件	⊗
相对高度	4500.0
尺寸标注	⊗
总厚度	120.0
标识数据	⊗
图像	
注释	
标记	
阶段化	⊗
创建的阶段	新构造
拆除的阶段	无

图 3-7-10

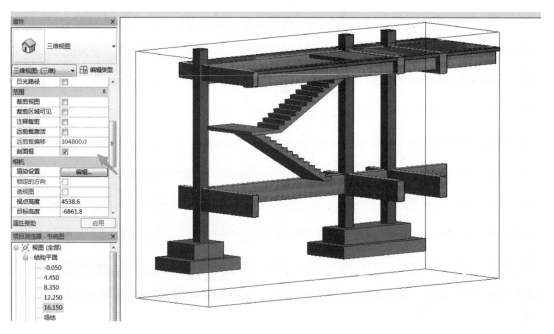

图 3-7-11

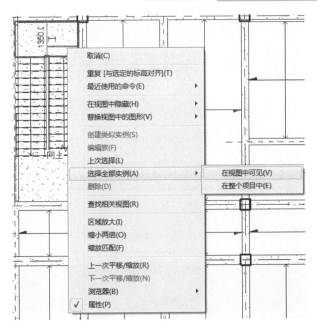

图 3-7-12

图 3-7-13

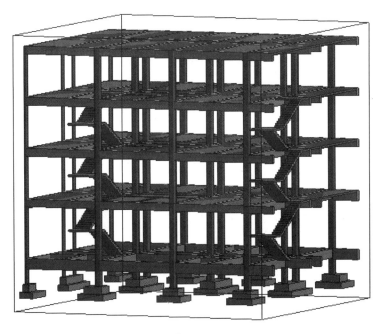

图 3-7-14

教学单元 4 别墅楼结构建模解析

4.1 创建标高和轴网

打开【Revit2016】，进入样板选择页面，选择【结构样板】，如图 4-1-1 所示。

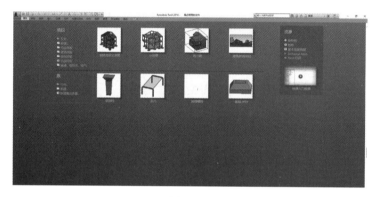

图 4-1-1

进入页面后在指定的楼层平面绘制标高和轴网，在【项目浏览器】中任选一立面，单击进入，如图 4-1-2 所示。

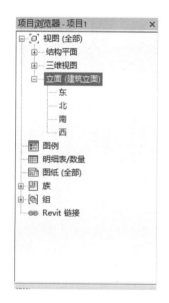

图 4-1-2

单击【结构】，在【基准】中，找到【标高】【轴网】进行绘制，如图 4-1-3 所示。
绘制完成，如图 4-1-4 和图 4-1-5 所示。

图 4-1-3

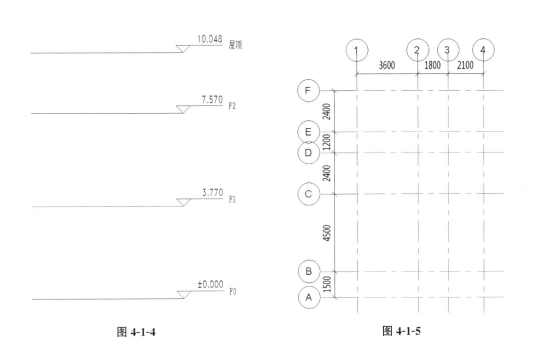

图 4-1-4

图 4-1-5

4.2　创建基础

建立基础，进入标高 F0 平面视图，单击【结构】选项卡，选择基础面板上的【独立基础】，如图 4-2-1 所示。

4.2
基础的
创建

图 4-2-1

选择类型为"3000×1500×300mm"的独立基础，选择【属性】面板编辑独立基础，设置实例属性的偏移量为－1000mm，如图 4-2-2 所示。

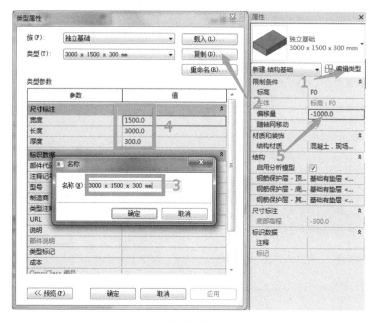

图 4-2-2

然后在距离 D 轴号和 E 轴号 900mm 处放置该基础，或建立参照平面，平分 D 轴和 E 轴，再创建类型为"3000×1500×300mm"的独立基础，设置实例属性的偏移量为－1000mm，在以下相交轴网处放置，基础绘制完成，如图 4-2-3 所示。

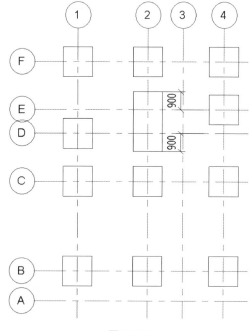

图 4-2-3

4.3　创建柱和地梁

添加一层结构柱，在【结构】选项卡中，单击【柱】，如图 4-3-1 所示。

单击【编辑类型】，在其类型属性中，选择【混凝土-矩形-柱】，根据图纸分别复制出 GZ1 和 Z2 类型，编辑其尺寸，GZ1 尺寸为 300mm×300mm，Z2 尺寸为 240mm×240mm，设置其实例属性，如图 4-3-2 所示。

4.3 柱和地梁的创建

图 4-3-1

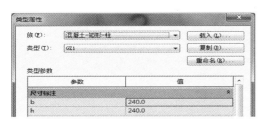

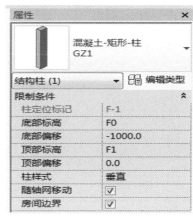

图 4-3-2

根据图纸，在轴网相交处添加结构柱，未标注项都为 GZ1，如图 4-3-3 所示。

绘制地圈梁，先绘制特殊位置的梁，进入标高 F0 平面视图，单击【结构】选项卡选择【梁】，如图 4-3-4 所示。

单击【编辑类型】，在其类型属性中，复制并编辑"240×350"的梁，绘制情况如图 4-3-5 所示。

绘制完成的两根梁起点标高和终点标高都向下偏移 230mm，如图 4-3-6 所示。

注：绘制梁时只能选择已有的标高，而不能在标高的基础上偏移，所以如果某一高度有大量的梁需要绘制时，一定要先建立标高。

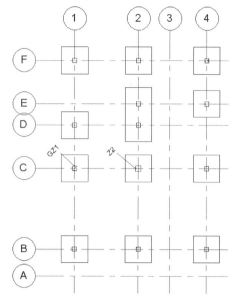

图 4-3-3

图 4-3-4

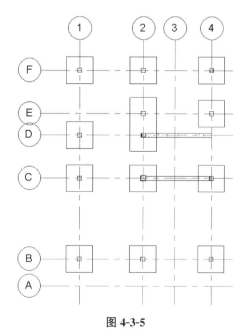

图 4-3-5

限制条件	˄
参照标高	F0
起点标高偏移	-230.0
终点标高偏移	-230.0

图 4-3-6

单击【编辑类型】，复制并编辑"120×300"的梁，绘制情况如图 4-3-7 所示。

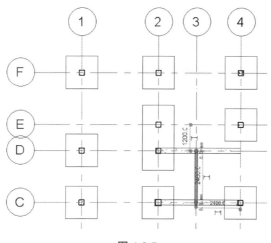

图 4-3-7

最后绘制剩余的地圈梁，单击【编辑类型】，在"梁"的类型属性里复制并编辑 DQL 为"240×350"，绘制情况如图 4-3-8 所示。

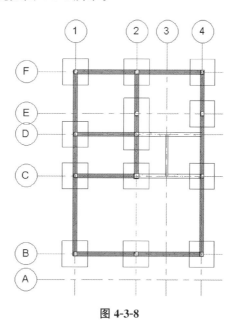

图 4-3-8

将绘制完成的地圈梁向下偏移 450mm，如图 4-3-9 所示。

结构框架 (大梁) (7)	▼	编辑类型
限制条件		≫
参照标高	F0	
起点标高偏移	-450.0	
终点标高偏移	-450.0	

图 4-3-9

绘制完成的三维效果图展示如下，如图 4-3-10 所示。

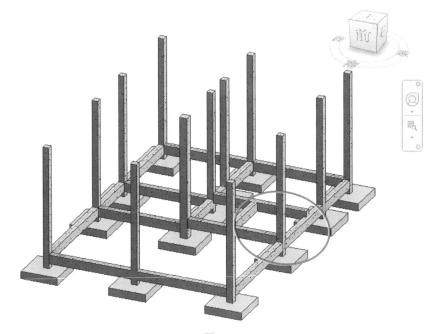

图 4-3-10

4.4
板的创建

楼板的绘制，进入标高 F0 平面图，在【结构】选项卡的"楼板"面板下选择"结构楼板"，选择类型为"现浇混凝土 230mm"的楼板，如图 4-3-11 所示。绘制情况如图 4-3-12 所示。

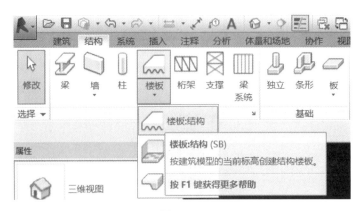

图 4-3-11

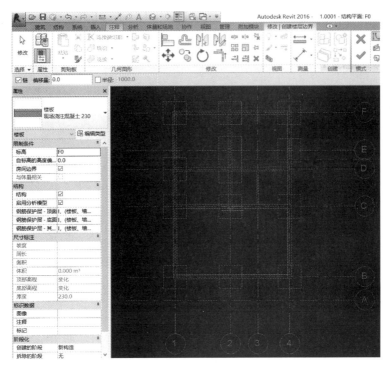

图 4-3-12

注：绘制楼板边界的时候注意避开柱子，要不然会导致柱子被楼板剪切掉。
属性面板里编辑下列楼板自标高高度向上偏移 200mm，如图 4-3-13 所示。

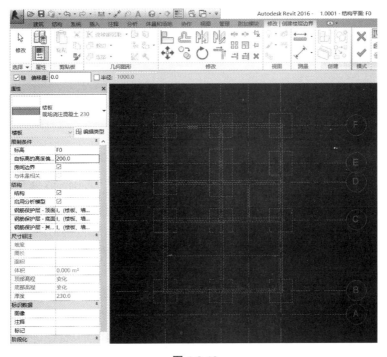

图 4-3-13

属性面板里编辑下列楼板自标高高度向上偏移 230mm，如图 4-3-14 所示。

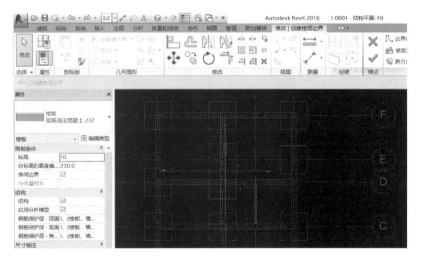

图 4-3-14

注：结构楼板的实例属性对话框有个结构栏，如果把结构一项的勾去掉，那么这个楼板就是普通的建筑楼板了，此处可以随意变换。不过要注意的是如果结构楼板里有钢筋，在变为建筑楼板时，会提示要删除钢筋，这个过程是不可逆的。

绘制二层结构柱，这里二层与一层的结构柱的位置以及大小都相同，但是还是采取重新放置的做法，因为柱子二层与一层结构柱高不同，复制过来的话调节完柱高后还得调节柱内的钢筋，很不方便，有的人可能会说可以用速博里的修改命令啊，这里我想说的是，速博插件已经不在识别该柱子内有钢筋了，也就说复制的混凝土构件虽然会带有钢筋，速博插件识别该柱子，也识别该钢筋，但是已经不识别这个钢筋的主体是该柱子了，强行用修改命令将会导致如下后果，如图 4-3-15 所示。

图 4-3-15

进入 F1 平面视图，按照图纸进行绘制二层结构柱，绘制情况如图 4-3-16 所示。

再绘制一层梁，绘制情况如图 4-3-17 和图 4-3-18 所示。

4.5
梁的创建

绘制二层结构楼板，进入 F1 平面视图，选择类型为现浇混凝土 90mm 的楼板进行绘制，如图 4-3-19 所示。

因为卫生间楼板需要降板，所以此处的楼板降 30mm，如图 4-3-20 所示。

接着绘制二层的梁并设置梁的属性，如图 4-3-21 所示。

再绘制三层楼板，进入 F2 平面视图，选择类型为 110mm 的现浇混凝土进行楼板的绘制，如图 4-3-22 所示。

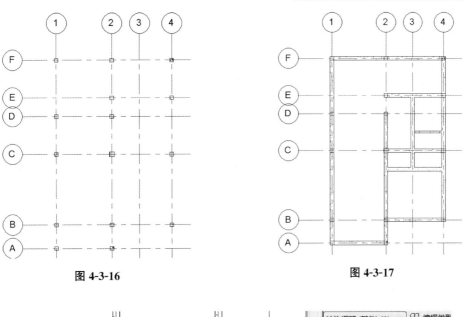

图 4-3-16　　　　　　　　　　　　　　图 4-3-17

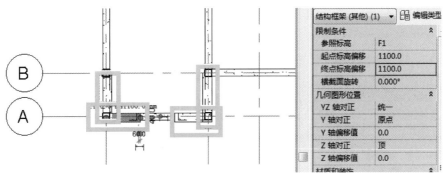

图 4-3-18

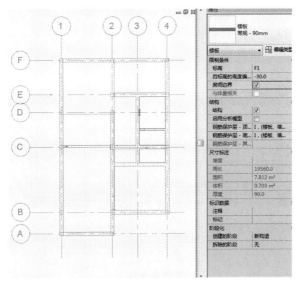

图 4-3-19

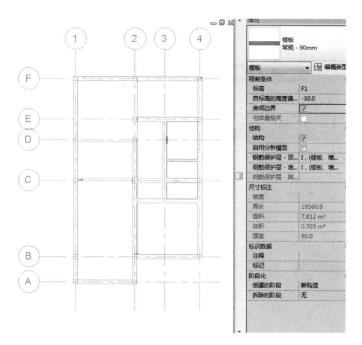

图 4-3-20

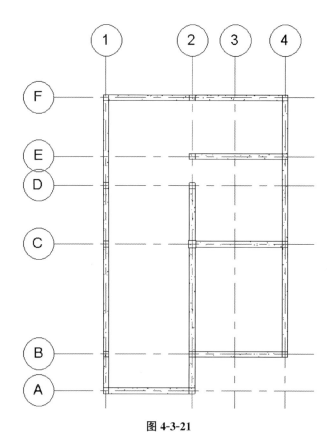

图 4-3-21

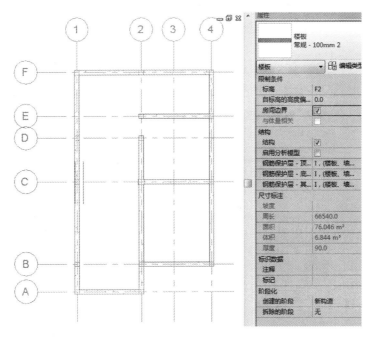

图 4-3-22

最后一部分绘制屋顶，先绘制屋顶的柱子，如图 4-3-23 所示。

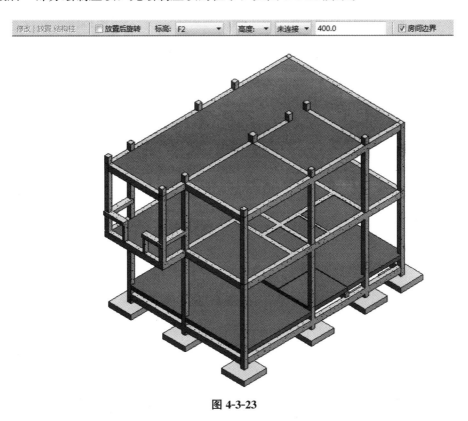

图 4-3-23

绘制屋面梁，按下图绘制两根 WQL2 类型的梁，如图 4-3-24 所示。

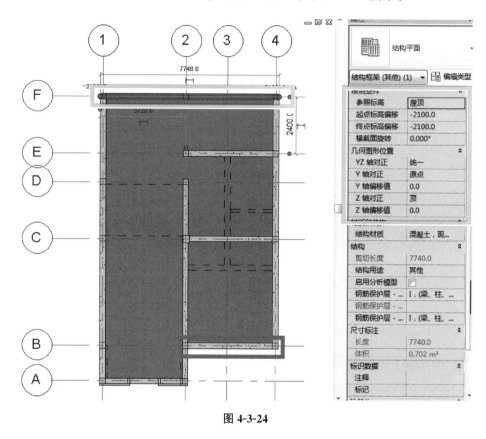

图 4-3-24

进入屋顶视图，绘制 WQL，如图 4-3-25 所示。

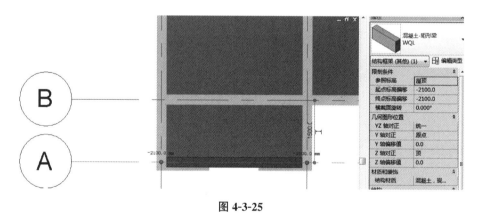

图 4-3-25

继续在屋顶视图中把 WQL 的起点偏移和终点偏移修改后进行绘制，共三根梁，如图 4-3-26 所示。

再选中这三根梁进行镜像，如图 4-3-27 所示。

选择 WQLA 的梁，按图 4-3-28 进行绘制，再以距①轴 1800mm 距离的参照线镜像。

按照图 4-3-29 绘制墙体并编辑轮廓。

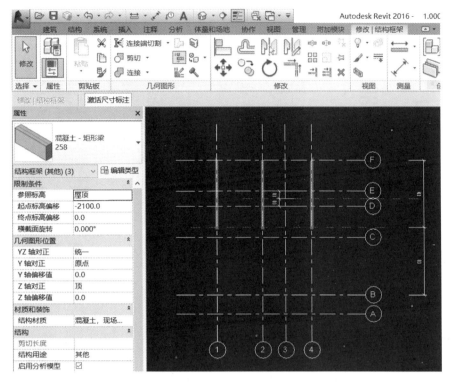

图 4-3-26

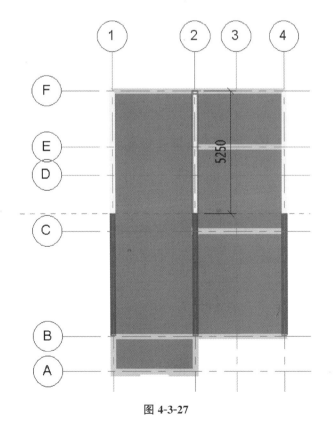

图 4-3-27

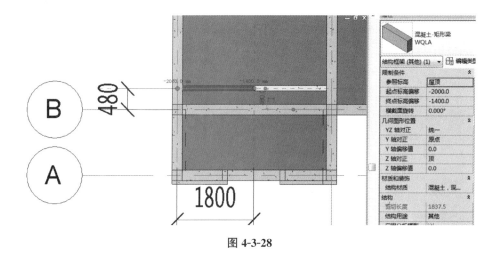

图 4-3-28

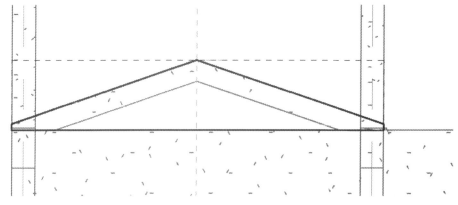

图 4-3-29

把刚才的柱子附着到梁上，如图 4-3-30 所示。

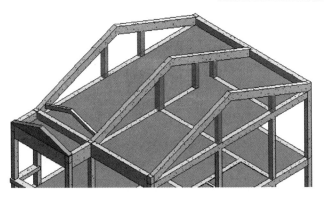

图 4-3-30

4.4 创建屋顶

绘制梁系统，用梁系统绘制檩条，在常用选项卡点击"梁系统"，设置工作平面，拾取一个平面，如图 4-4-1 所示。

> 4.6
> 屋面梁的
> 创建

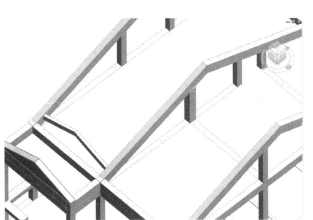

图 4-4-1

在三维的顶视图中绘制梁系统边界并对实例属性进行设置，在绘图界面选择梁方向使其变换的位置，如图 4-4-2 所示。

进入【西】立面视图，选中刚才的梁系统，然后在【修改选项卡】点击【删除梁系统】如图 4-4-3 所示。

注：这个删除不同于在键盘上使用【Delete】键来删除，Delete 会将梁系统所包含的图元也一起删除，而通过修改面板删除"梁系统"只是删除这些梁的关系以及参数，所以删除后图元都还存在。

选中刚才绘制的檩条，对实例属性的"Z 方向对正"改为"底对正"，如图 4-4-4 所示。

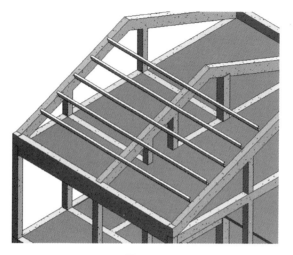

图 4-4-2

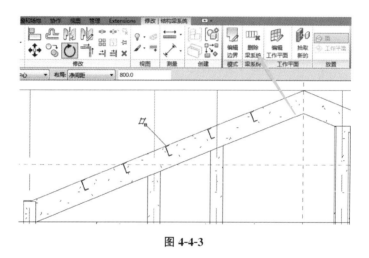

图 4-4-3

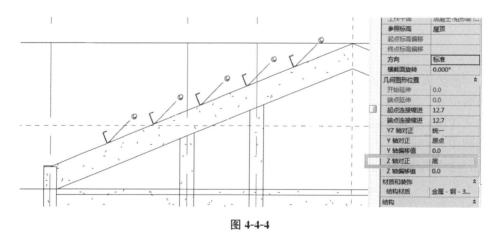

图 4-4-4

选中这五根檩条，用"镜像"命令来操作，如图 4-4-5 所示。

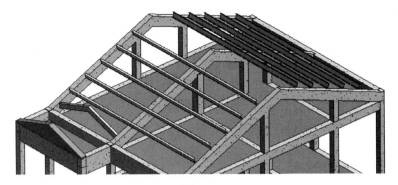

图 4-4-5

绘制 A-B 轴之间檩条，如图 4-4-6 和图 4-4-7 所示。

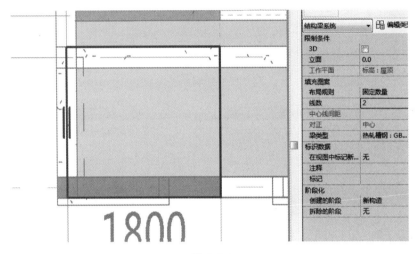

图 4-4-6

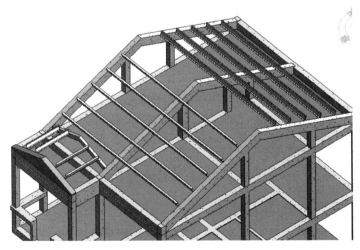

图 4-4-7

4.5 创建楼梯

　　楼梯的绘制，选择整体浇筑楼梯，按图 4-5-1 设置编辑楼梯属性，在如图 4-5-2 所示位置绘制楼梯。

　　在如图 4-5-3 所示的位置绘制"240×300"的平台梁。

　　完整的模型如图 4-5-4 和图 4-5-5 所示。

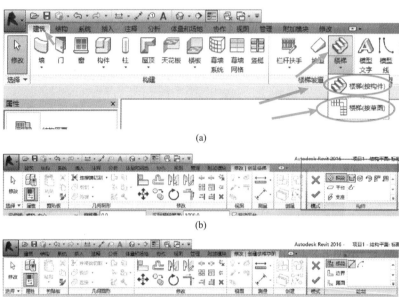

(a)

(b)

(c)

(d)

图 4-5-1

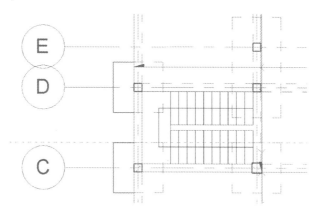

图 4-5-2

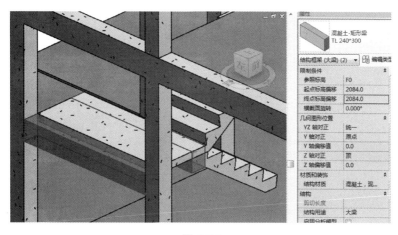

图 4-5-3

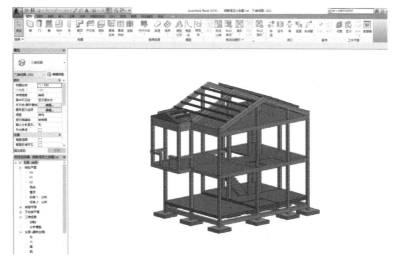

图 4-5-4

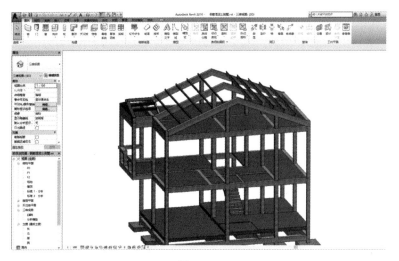

图 4-5-5

教学单元 5　结构族功能介绍及实例解析

5.1　族的基本概念

　　族是组成项目的构件，也是参数信息的载体，在 Revit 中进行建筑设计不可避免地要调动、修改或者新建族，所以熟练掌握族的创建和使用是有效运用 Revit 的关键。Revit 中的族分三种类型，分别是"系统族""可载入族"和"内建族"。在项目中创建的大多数图元都是系统族或可载入族，非标准图元或自定义图元是使用内建族创建的。

　　系统族包含用于创建的基本建筑图元。例如，建筑模型中的"墙""楼板""天花板"和"楼梯"的族类型。系统族还包含项目和系统设置，而这些设置会影响项目环境，并包含诸如"标高""轴网""图纸"和"视口"等图元的类型。系统族已在 Revit 中预定义且保存在样板和项目中，而不是从外部文件中载入到样板和项目中。不能创建、复制、修改或删除系统族，但可以复制和修改系统族中的类型，以便创建自定义的系统族类型。系统族中可以只保留一个系统族类型，除此以外的其他系统族类型都可以删除，这是因为每个族至少需要一个类型才能创建新系统族类型。

　　"可载入族"是在外部 RFA 文件中创建的，并可导入到项目中。"可载入族"是用于创建下列构件的族，例如，窗、门、厨房、家具和植物。常规自定义的一些注释图元，例如：符号和标题栏，由于"可载入族"具有高度可自定义的特征，因此"可载入族"是在 Revit 中最经常创建和修改的族，对于包含许多类型的族，可以创建和使用类型目录，以便仅载入项目所需的类型。

　　"内建族"是需要创建当前项目专有的独特构件时，所创建的独特图元。可以创建内建几何图形，以便它可参照其他项目中的几何图形，使其当参照的几何图形发生变化时，进行相应的调整。创建"内建族"时，Revit 将为该内建图元创建一个族，该族包含单个族类型。创建"内建族"涉及许多与创建可载入族相同族编辑工具。Revit 的族主要包括三项内容，分别是"族类别""族参数"和"族类型"。

　　"族类别"是以建筑物构件性质来归类的，包括"族"和"类别"。例如，门、窗或家具都各属于不同的类别，如图 5-1-1 所示。

　　"族参数"定义应用于该族中所有类型的行为或标识数据。不同的类别具有不同的族参数，具体取决于 Revit 以何种方式使用构件。控制族行为的一些常见组参数示例，包括"总是垂直""基于工作平面""共享""房间计算点"和"族类型"。

　　总是垂直：选择该项时，该族总是显示为垂直，即 90°，即使该族位于倾斜的主体上，如楼板。

　　基于工作平面：选择该平面时，族以活动工作面为主体。可以使任一无主体的族成为基于工作平面的族。

　　共享：仅当族嵌套到另一族内并载入到项目中时才适用此参数。如果嵌套族是共享的，则可以从主体族独立选择、标记嵌套族和将其添加到明细表。如果嵌套族不共享，则主体族和嵌套族创造的构件作为另一个单位。

　　在【族类型】对话框中，族文件包含多种族类型和多组参数，其中包括带标签的尺寸标注及其图元参数。不同族类型中的参数，其数值也各不相同，其中也可以为族标准参数（如材质、模型、制造商和类型标记等）添加值，如图 5-1-2 所示。

图 5-1-1

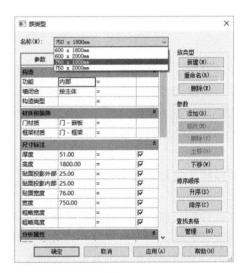

图 5-1-2

5.2 族功能区命令

　　Revit2016 利用 Ribbon 把命令都集成在功能区面板上，直观且便于使用，共包含 6 大选项卡，如图 5-2-1 所示。

工区选项卡			
选项卡	功能介绍	选项卡	功能介绍
创建	创建模型所需的多种工具	视图	管理和修改当前视图以及切换视图的工具
插入	导入其他的文件	管理	系统参数的管理及设置
注释	将二维信息添加到设计的工具中	修改	编辑现有图元、数据和系统的工具

图 5-2-1

1. 创建

　　【创建】选项卡中集合了选择、属性、形状、模型、控件、连接件、基准、工作平面和族编辑器共九种基本常用功能，如图 5-2-2 所示。

图 5-2-2

（1）【选择】选项板

用于进入选择模式。通过在图元上方移动光标选择要修改的对象。这个面板会出现在所有的选项卡中。

（2）【属性】选项板

用于查看和编辑对象属性的选项板集合。在族编辑过程中，提供"属性""族类型""族类别和族参数"和"类型属性"四种基本属性查询和定义。这个面板会出现在【创建】和【修改】选项卡中。

单击功能区【创建】→【属性】→【族类别和族参数】按钮，打开【族类别和族参数】对话框，为正在创建的族指定族类别及族参数，如图 5-2-3 和图 5-2-4 所示，根据选定的族类别，可用的族参数会有所变化。

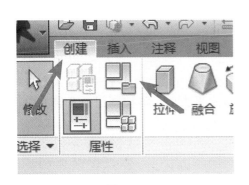

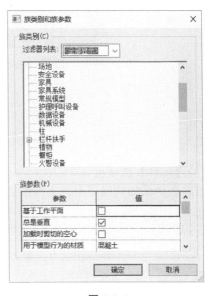

图 5-2-3　　　　　　　　　　　图 5-2-4

单击功能区【创建】→【属性】→【族类型】按钮，打开【族类型】对话框，如图 5-2-5 和图 5-2-6 所示，可为正在创建的族设置多种族类型，通过设置不同的参数值来定义族类型之间的差异。

（3）【形状】选项板

汇集了用户可能运用到的创建三维形状的所有工具。通过拉伸、融合、旋转、放样及放样融合形成实心三维形状或空心形状，如图 5-2-7 所示。

（4）【模型】选项板

提供模型线、构件、模型文字和模型组的创建和调用。支持创建一组定义的图元或将一组图元放置在当前视图中，如图 5-2-8 所示。

107

图 5-2-5

图 5-2-6

图 5-2-7

（5）【控件】选项板

可将控件添加到视图中，支持添加单向垂直、双向垂直、单向水平或双向水平反转箭头。在项目中，通过翻转箭头可以修改族的垂直或水平方向，如控制门的开启方向，如图 5-2-9 所示。

图 5-2-8

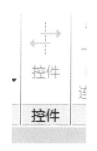

图 5-2-9

（6）【连接件】选项板

将连接件添加到构件中。这些连接包括电器、给水排水、送排风等，如图 5-2-10 所示。

图 5-2-10

（7）【基准】选项板

提供参照线和参照平面两种参照样式，如图 5-2-11 所示。

图 5-2-11

（8）【工作平面】选项板

为当前视图或所选图元指定工作平面，可以显示或隐藏，也可以启用工作平面查看器，将"工作平面查看器"用作临时的视图来编辑选定的图元，如图 5-2-12 所示。

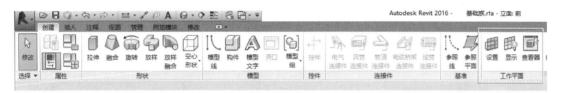

图 5-2-12

（9）【族编辑器】选项板

用于将族载入到打开的项目或族文件中去。它支持所有的功能区面板，如图 5-2-13 所示。

图 5-2-13

2. 插入

【插入】选项卡中包含四个面板：选择、导入、从库中载入和族编辑器，如图 5-2-14 所示。

（1）【导入】选项板

可将 CAD、光栅图像和族类型导入当前族中。

图 5-2-14

（2）【从库中载入】选项板

提供从本地库或网库中将文件直接载入到当前文件中或作为族载入。

3. 注释

【注释】选项卡中集合了选择、尺寸标注、详图、文字和族编辑器共 5 大类基本常用功能，如图 5-2-15 所示。

图 5-2-15

（1）【尺寸标注】选项板提供尺寸、角度、径向和弧长方面的标注，如图 5-2-16 和图 5-2-17 所示。

图 5-2-16

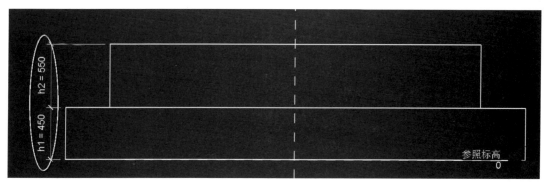

图 5-2-17

单击【修改｜尺寸标注】选项卡，可对线性、角度和径向的尺寸标注进行参数修改，如图 5-2-18 所示。

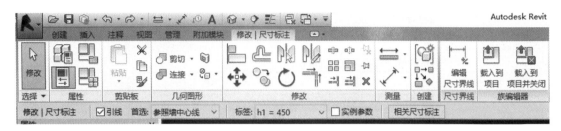

图 5-2-18

（2）【详图】选项板

汇集了用户在绘制二维图元时集中使用到的主要功能，包括仅用作符号的符号线、视图专有的详图构件、创建详图组、二维注释符号、遮挡其他图元的遮罩区域等，如图 5-2-19 所示。

图 5-2-19

（3）【文字】选项板

汇集添加文字注释、拼写检查和查找替换文字的功能，如图 5-2-20～图 5-2-23 所示。

图 5-2-20

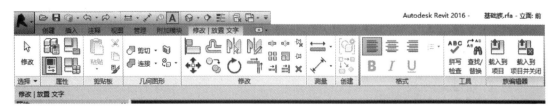

图 5-2-21

类型属性   ✕

族(F):   系统族: 文字   ⌄   载入(L)...

类型(T):   2.5mm   ⌄   复制(D)...

                                             重命名(R)...

类型参数

参数	值	=
图形		⌃
颜色	■ 黑色	
线宽	1	
背景	不透明	
显示边框	☐	
引线/边界偏移量	2.0320 mm	
文字	显示边框	⌃
文字字体	Arial	
文字大小	2.5000 mm	
标签尺寸	12.7000 mm	
粗体	☐	
斜体	☐	
下划线	☐	
宽度系数	1.000000	

<< 预览(P)   确定   取消   应用

图 5-2-22

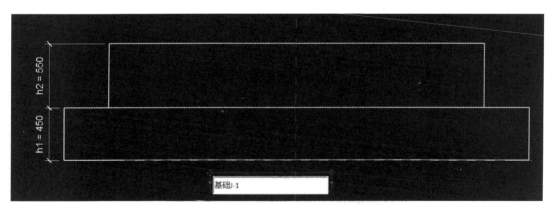

图 5-2-23

4. 视图

【视图】选项卡中集合了选择、图形、创建、窗口和族编辑器五种基本常用功能，如图 5-2-24 所示。

（1）【图形】选项板

用于控制模型图元、注释、导入和链接的图元在视图中的可见性及是否按照细线宽度显示。

图 5-2-24

（2）【创建】选项板

用于打开或创建三维视图（图 5-2-25）、剖面（图 5-2-26）、相机视图（图 5-2-27）等。

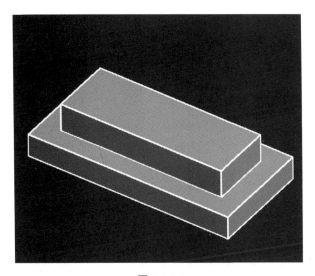

图 5-2-25

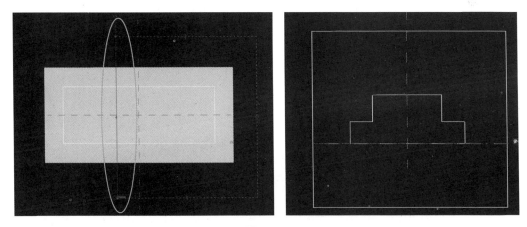

图 5-2-26

（3）【窗口】选项板

用于对窗口显示的多种功能需求。包括切换窗口来指定显示某一焦点视图、平铺所有打开的视图、按序列对打开的窗口进行排列以及复制窗口等，如图 5-2-28～图 5-2-30 所示。

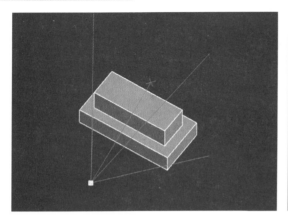
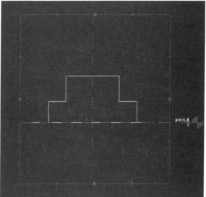

图 5-2-27

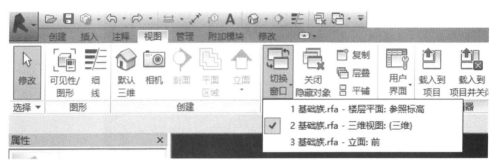

图 5-2-28

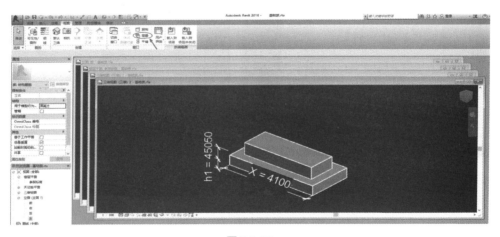

图 5-2-29

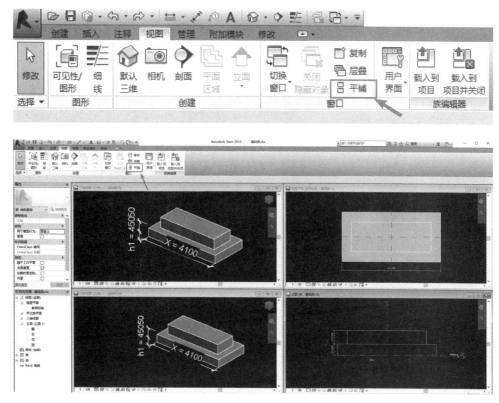

图 5-2-30

5. 管理

【管理】选项卡中集合了选择、设置、管理项目、查询、宏和族编辑器 6 种基本常用功能，如图 5-2-31 所示。

图 5-2-31

（1）【设置】选项板

用于指定要应用于建筑模型中的图元设置。主要包括材质、对象样式、捕捉、项目单位、共享参数、传递项目标准、清除未使用项目以及其他设置，具体介绍如下：

① 材质，是用于指定建筑模型中应用到图元的材质和关联特性，如图 5-2-32 所示。

② 对象样式，是用于指定线宽、颜色和填充图案以及模型对象、注释对象和导入对象的材质，如图 5-2-33 所示。

③ 捕捉，是用于指定捕捉增量以及启用或禁用捕捉点，如图 5-2-34 所示。

④ 项目单位，是用于指定度量单位的显示格式，选择一个规程和单位，以指定用于显示项目中的单位精准度（舍入）和符号。

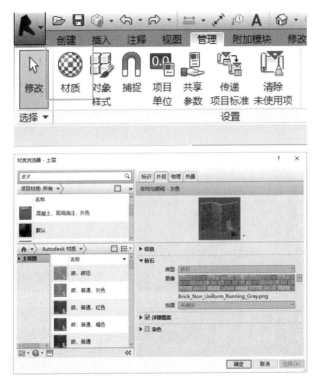

图 5-2-32

图 5-2-33

图 5-2-34

⑤ 共享参数，是用于指定可在多个族和项目中使用的参数，如图 5-2-35 所示。

⑥ 传递项目标准，是用于将选定的项目设置从另一个打开的项目复制到当前的族中来。项目标准包括族类型、线宽、材质、视图样板和对象样式。

⑦ 清除未使用项，是从族中删除未使用的项。使用该工具可以缩小族文件的大小，如图 5-2-36 所示。

（2）【管理项目】选项板

提供用于管理的连接选项，如管理图像、贴花类型等，如图 5-2-37 所示。

（3）【查询】选项板

提供按 ID 选择的唯一标示符来查找并选择当前视图中的图元，如图 5-2-38 所示。

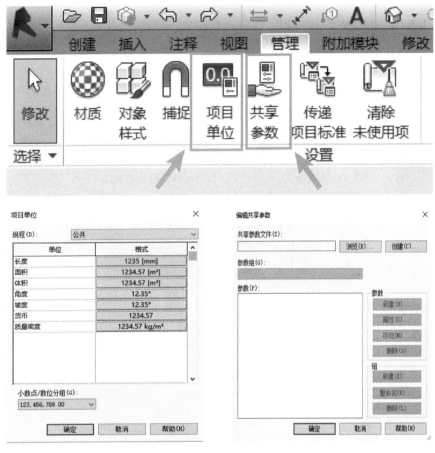

图 5-2-35

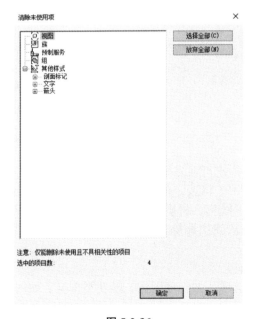

图 5-2-36

图 5-2-37

图 5-2-38

（4）【宏】选项板

支持宏管理器和宏安全，以便用户安全地运行现有宏，或者创建、删除宏，如图 5-2-39 所示。

图 5-2-39

6. 修改

【修改】选项卡中集合了选择、属性、剪贴板、几何图形、修改、测量、创建和族编辑器 8 种基本常用功能，如图 5-2-40 所示。

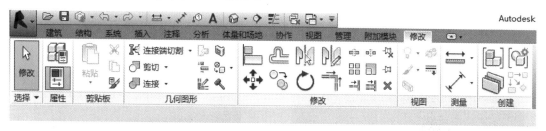

图 5-2-40

（1）【剪贴板】选项板

汇集粘贴、剪切、复制和匹配类型属性 4 种常用剪贴命令。

（2）【几何图形】选项板

提供对几何图形的剪切和取消剪切、连接和取消连接、拆分面及填色和删除填色 4 种功能键。

（3）【修改】选项板

包括对齐、偏移、镜像、移动、复制、旋转、拆分、修剪等常用编辑命令。

（4）【测量】选项板

包含测量两个参照物之间的距离、沿图元测量和标注对齐尺寸、角度尺寸、径向尺寸及弧长度尺寸。

（5）【创建】选项板

包括创建组合创建类似实例。"创建组"命令可以创建一组图元以便于重复使用。用户如果计划在一个项目或族中多次重复布局时，可以使用"创建组"。

5.3 创建族构件

前文曾提到过，族分为"系统族""可载入族"和"内建族"，当我们在做项目的时候，因为在系统族内没有某些特定的构件，这样就需要自己建立一个内建族来载入项目中使用，下文将为大家列举一个简单的基础族建立。

第一步，观察图纸确定构件的尺寸、形状，如图 5-3-1 和图 5-3-2 所示。根据主视图和俯视图可以确定此基础的高、长、宽、杯口、杯底尺寸。

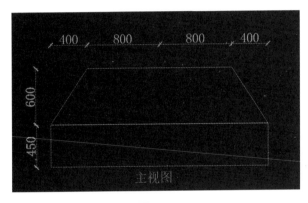

图 5-3-1

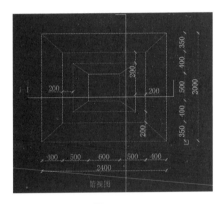

图 5-3-2

第二步，根据两组不同方向的剖面图确定内部杯口的长度、宽度、深度，如图 5-3-3 和图 5-3-4 所示，1-1 剖面图为此基础的长，2-2 剖面图为此基础的宽。

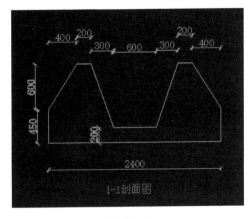

图 5-3-3

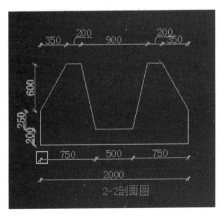

图 5-3-4

确定尺寸之后我们开始建立模型，打开【Revit2016】→选择新建【族】→选择样板文件→【公制结构基础】→单击【打开】，进入界面后，按照前面所介绍的内容对【族参数】和【族类型】进行参数化。设置后的族参数、族类型，如图 5-3-5 所示。

图 5-3-5

运用基准中的参照平面对将要绘制的图形进行限制，如图 5-3-6 所示。

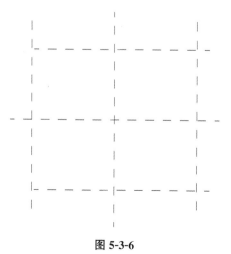

图 5-3-6

利用【拉伸】命令来进行绘制基础的平面尺寸，如图 5-3-7 所示。

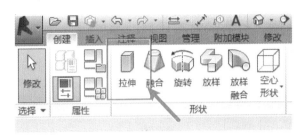
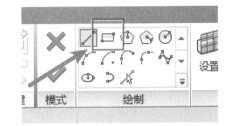

图 5-3-7   图 5-3-8

因为基础底部投影是矩形，用"矩形"来绘制图形，绘制完成单击【确定】，如图 5-3-8 和图 5-3-9 所示。

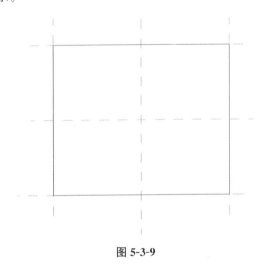

图 5-3-9

生成图形，平面图如图 5-3-10 所示，三维图如图 5-3-11 所示。

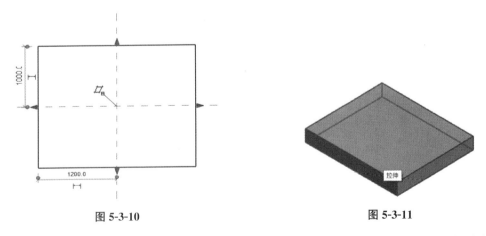

图 5-3-10   图 5-3-11

绘制此基础有两种方法，第一种是将此图形分成两部分长方体和梯形体进行绘制；第二种以长方体一部分进行绘制，再运用【形状】选项板中的【空心形状】，对该长方体进行切割。

　　下面介绍第二种方法的做法，单击【立面】，进入任一视图，绘制参照平面，再对其进行尺寸标注，$h_1=450$、$h_2=600$，将鼠标移动到【拉伸造型操纵柄】上，拉到最上端的参照平面，如图 5-3-12 所示。

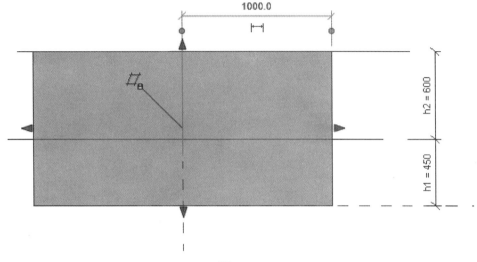

图 5-3-12

　　绘制完成后，单击【空心形状】【空心拉伸】命令对此构件进行修改。需要注意当使用【拉伸】创建图形时，所围成的线必须是闭合的，此图在修剪时为了不影响其他部分的形状，要将线延伸到图形外部形成闭合。当处于前立面时，拾取一个平面，单击【确定】，转进左或右立面视图，单击【打开视图】，如图 5-3-13 所示，绘制参照平面和被切割的图形，如图 5-3-14 所示。

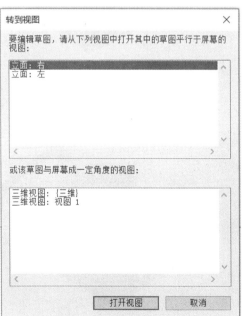

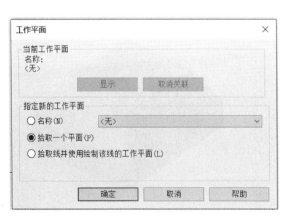

图 5-3-13

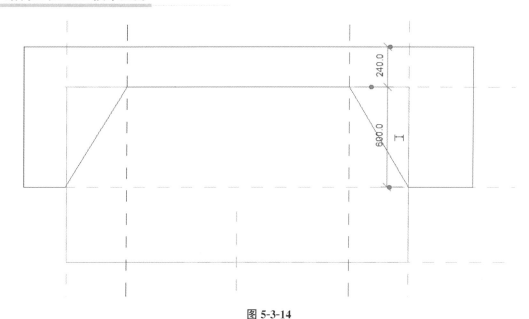

图 5-3-14

绘制完成，效果如图 5-3-15 所示。

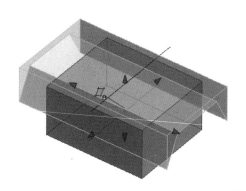

图 5-3-15

另一侧以同样办法进行修剪，两侧全部修剪完成，效果如图 5-3-16 所示。

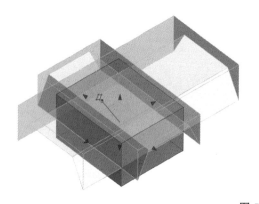

图 5-3-16

杯口部分用【空心放样融合】的命令来完成，首先进入到该基础的任一立面，单击【创建】→【模型线】，拾取一个平面，单击【确定】，具体步骤同上，在该立面图形中点绘制一条同杯深的线段，如图 5-3-17 所示。

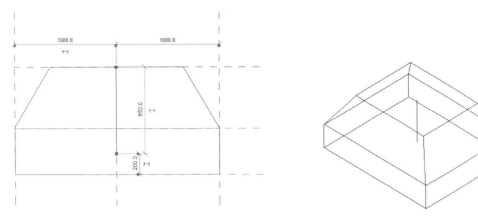

图 5-3-17

单击【空心形状】→【空心放样融合】，在【放样融合】中，分别有【绘制路径】、【拾取路径】，如图 5-3-18 所示。

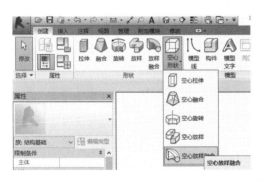

图 5-3-18

【绘制路径】时可以在立面或三维状态下绘制融合路径，如图 5-3-19 所示。

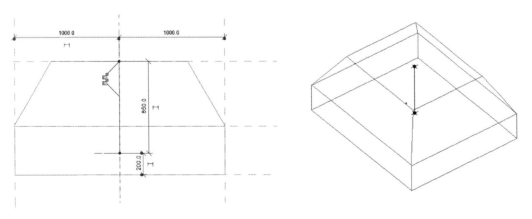

图 5-3-19

路径绘制结束后开始编辑轮廓，轮廓有前后两个面，根据编辑路径的始末位置确定轮廓 1 和轮廓 2；也可根据拾取的辅助线的始末位置区分轮廓 1 和轮廓 2，如图 5-3-20 所示。

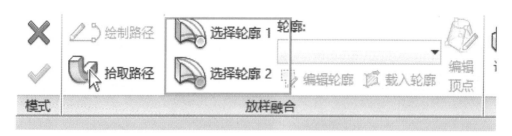

图 5-3-20

单击【轮廓 1】，单击到【参照标高】中，【编辑轮廓】进行绘制杯口，绘制完成单击【确定】，如图 5-3-21 所示。

同种方法单击【轮廓 2】，进行绘制杯底，绘制完成，单击【确定】，如图 5-3-22 所示。

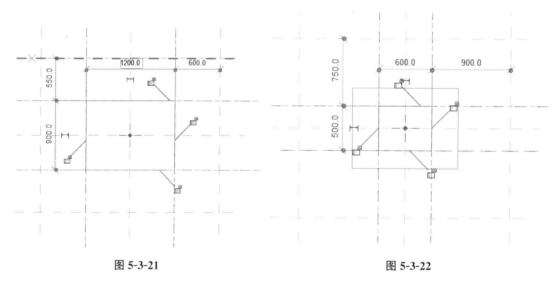

图 5-3-21   图 5-3-22

绘制完成的三维效果图，如图 5-3-23 所示，单击【确定】，如图 5-3-24 所示。

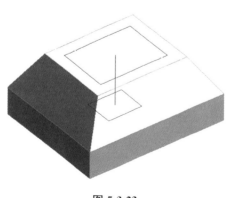

图 5-3-23

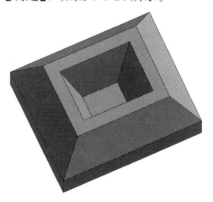

图 5-3-24

利用以上知识就完成了基础构件的创建，以上创建命令可以应用于各种构件的创建。接下来进入较为复杂的族模创建。

5.4　创建灯塔

5.1
灯塔
的创建

单击【族】面板下的【新建概念体量...】，在打开的【新概念体量-选择样板文件】的对话框中，选择【公制体量】文件，单击【打开】，如图 5-4-1 所示。

在【项目浏览器-族 1】中双击【立面（立面 1）】，如图 5-4-2 所示，双击【东】立面，如图 5-4-3 所示，进行标高的绘制。

图 5-4-1

由于标高较多，可以单击工作界面中的【标高 1】，如图 5-4-4 所示，选择【修改｜标高】选项卡中的【复制】工具，如图 5-4-5 所示，勾选【约束】和【多个】选项，如图 5-4-6 所示。

绘制的标高距离分别为 3000、1500、1000、3000、2300、1500、500，绘制完成后，如图 5-4-7 所示。

双击【项目浏览器-族 1】中的【楼层平面】，发现绘制好的标高并没有出现在浏览器中，所以需要单击【视图】选项卡中的【楼层平面】，如图 5-4-8 所示。

选中全部标高，如图 5-4-9 所示，单击【确定】。

回到【项目浏览器-族 1】的【楼层平面】里双击【标高 1】，如图 5-4-10 所示。

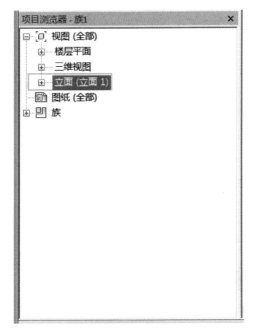

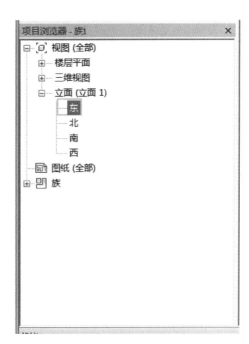

图 5-4-2   图 5-4-3

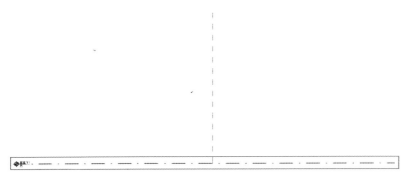

图 5-4-4

图 5-4-5

图 5-4-6

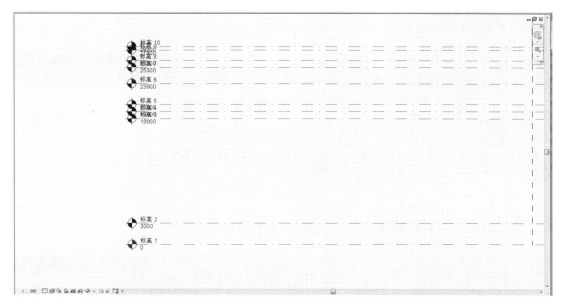

图 5-4-7

图 5-4-8

图 5-4-9

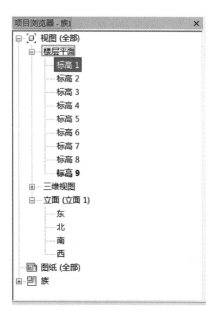

图 5-4-10

129

根据图纸，可以看到灯塔下的正方形基础台边长为 12000mm，在【创建】选项卡里单击【拾取线】按钮，如图 5-4-11 所示。

图 5-4-11

单击结束后在【偏移量】里输入 6000mm，如图 5-4-12 所示。

图 5-4-12

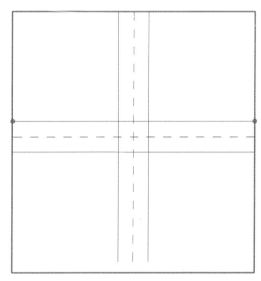

图 5-4-13

双击【参照平面（虚线）】，完成后，如图 5-4-13 所示。

在【修改 | 放置 线】选项卡中找到修改面板，单击【修剪/延伸为角】，如图 5-4-14 所示。

分别单击正方形边沿线对其多余边线进行修剪，修剪完成后，如图 5-4-15 所示。

单击工作面板里的正方形，在【修改 | 线】面板找到【创建形状】，在下拉选项中单击【实心形状】，如图 5-4-16 所示。

进入东立面，如图 5-4-17 所示，向上拖动竖直向上的箭头直至【标高 2】，拖动后如图 5-4-18 所示。

在【创建】选项卡的【绘制】面板中单击【平面】工具，如图 5-4-19 所示。

利用【直线】工具绘制如图 5-4-20 所示的参照平面（按图示数据绘制）。

沿着参照平面利用【创建】选项卡中直线进行绘制，如图 5-4-21 所示，绘制完成后单

图 5-4-14

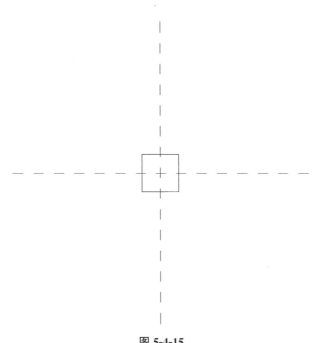

图 5-4-15

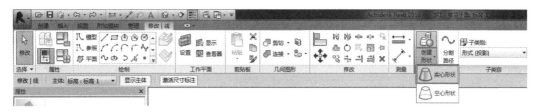

图 5-4-16

击选中，选择【修改｜线】中【创建形状】下拉选项的【空心形状】，如图 5-4-22 所示。

进入西立面，向下拖动竖直向上的箭头至【标高 1】，如图 5-4-23 所示，单击【绘制】选项卡中的【直线】，根据图纸得出的踏面宽、踢面高绘制如图 5-4-24 所示的楼梯线（踏板深度：400mm、踢面高度：250mm）。绘制完成后单击楼梯线进行创建【实心形状】，最后在三维视图里对楼梯的梯段宽度进行修改，修改完成后如图 5-4-25 所示。

双击【标高 2】，在标高 2 的工作面板中利用【圆形】工具在两条参照平面的交点处绘制半径为 3000mm 的圆，然后单击绘制好的圆对其进行实心形状创建，创建完成后单击圆柱体的上表面对其拖曳到【标高 3】，如图 5-4-26 所示。

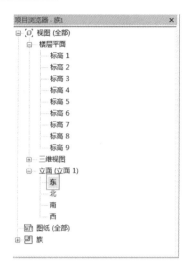

图 5-4-17

图 5-4-18

图 5-4-19

在【标高 3】画一个半径为 4500mm 的圆，同样地对其进行实心形状创建，创建完成后单击圆柱体的上表面对其拖曳到【标高 4】，绘制完成后，如图 5-4-27 所示。

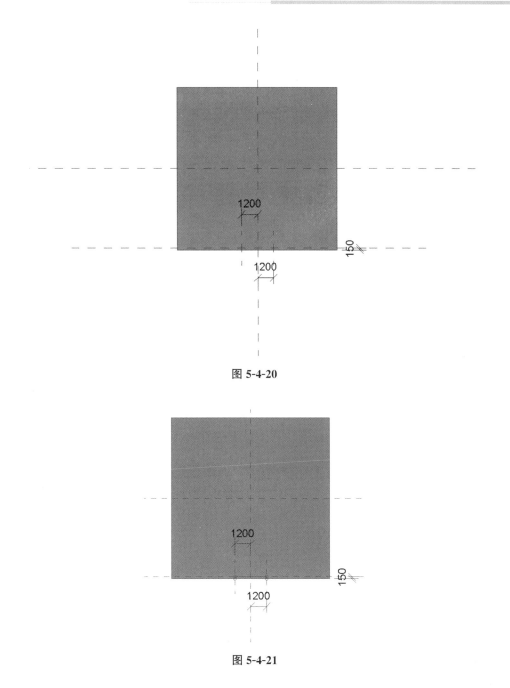

图 5-4-20

图 5-4-21

图 5-4-22

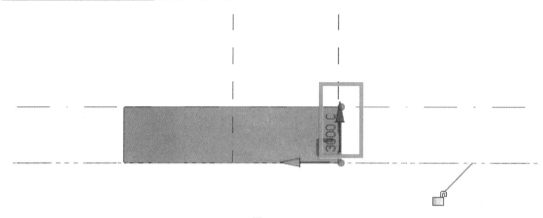

图 5-4-23

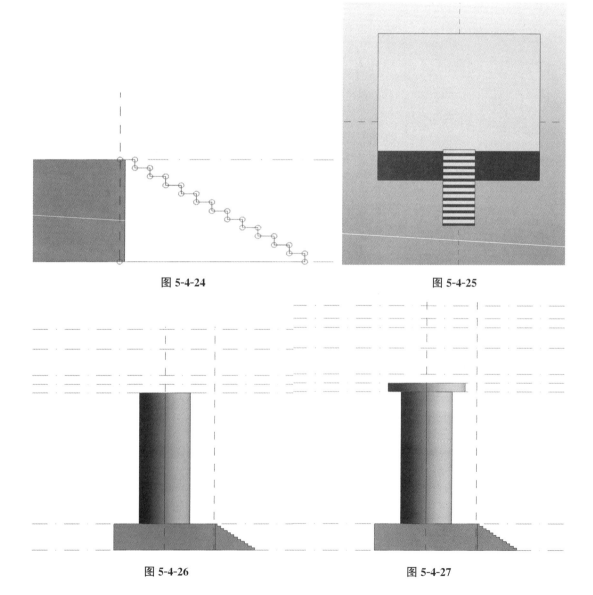

图 5-4-24

图 5-4-25

图 5-4-26

图 5-4-27

在【标高 4】画一个半径为 2700mm 的圆，同样的对其进行实心形状创建，创建完成后单击圆柱体的上表面对其拖曳到【标高 5】，绘制完成后，如图 5-4-28 所示。

在【标高 5】中的【创建】选项卡里单击【内接多边形】，如图 5-4-29 所示，【边】的数量设置为 18，如图 5-4-30 所示，在工作面板上画出半径为 2700mm 的十八边形，如图 5-4-31 所示。

在【标高 6】中绘制与【标高 5】中相对应的 18 边形（半径为 8500mm），如图 5-4-32 所示。

绘制完成后按住【Ctrl】键，鼠标分别单击【标高 5】、【标高 6】中的 18 边形，如图 5-4-33 所示。

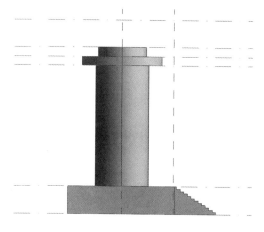

图 5-4-28

图 5-4-29

图 5-4-30

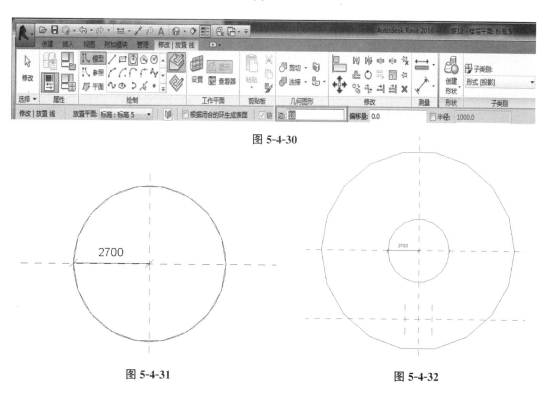

图 5-4-31

图 5-4-32

单击【创建形状】下拉选项中【实心形状】，创建完成后，如图 5-4-34 所示。

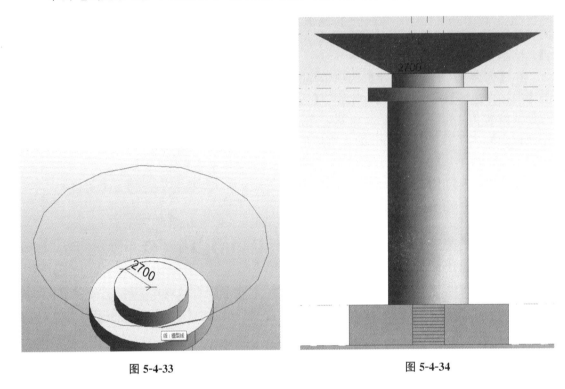

图 5-4-33　　　　　　　　　　　　　　　　　　图 5-4-34

接下来需要在 18 边形的平台上绘制四根圆柱体，回到【标高 6】分别绘制四个参照平面，绘制完成后如图 5-4-35 所示，四个参照平面距圆点为 2750mm，每个圆形的半径为 1500mm。

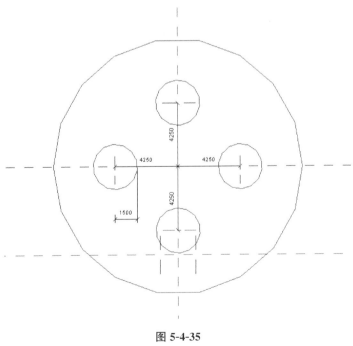

图 5-4-35

对四个圆形分别进行创建实心形状，高度将被从【标高 6】拉伸至【标高 7】，绘制完成后，如图 5-4-36 所示。

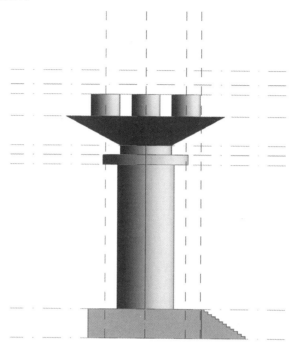

图 5-4-36

在【标高 7】中绘制半径为 8500mm 的 18 边形，在【标高 8】中绘制半径为 3000mm 的 18 边形，使其与【标高 7】中的 18 边形的每条边相对应，绘制完成后按住【Ctrl】键，鼠标分别单击【标高 7】、【标高 8】中的 18 边形，选择【创建形状】下拉选项中的【实心形状】，绘制完成后，如图 5-4-37 所示。

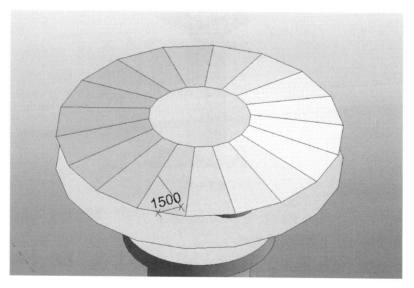

图 5-4-37

在【标高 8】中绘制边长为 3000mm 的正方形，绘制方法同灯塔基础台，如图 5-4-38 所示，绘制完成后选择【创建形状】下拉选项中的【实心形状】，再将其拖曳至【标高 9】，绘制完成后，如图 5-4-39 所示。

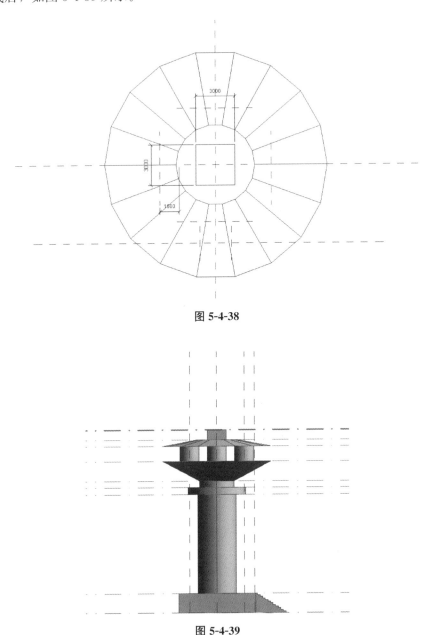

图 5-4-38

图 5-4-39

在【标高 9】上创建一个边长为 3000mm 的正方形，并创建实心形状，高度为 500mm，绘制完成后，如图 5-4-40 所示。

完成后分别在西立面、北立面创建如图 5-4-41 所示的【空心形状】，步骤同 5.3 族构件的创建，创建完成后如图 5-4-42 所示。

全部完成后，单击【几何图形】选项卡中的【连接】，如图 5-4-43 所示，分别单击创

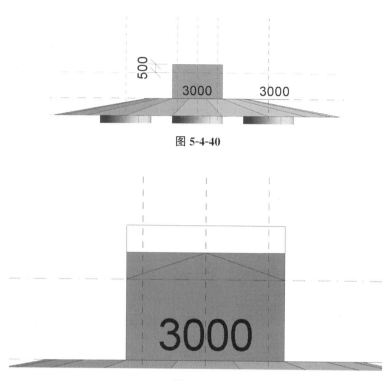

图 5-4-40

图 5-4-41

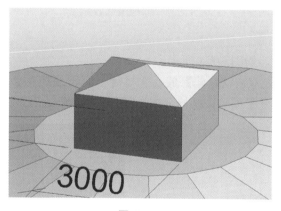

图 5-4-42

建好的每一个图形，使其连接为一个整体，完成后如图 5-4-44 所示。

灯塔完成的三维效果图，如图 5-4-45 所示。

图 5-4-43

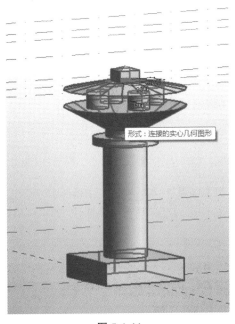

图 5-4-44

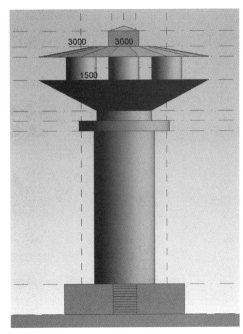

图 5-4-45

5.5 创建螺栓

首先观察螺栓图纸，如图 5-5-1 所示。

打开【Revit2016】，双击【新建】族，选择【公制常规模型】，根据图纸创建平面和立面的辅助线（运用参照平面将该螺栓分成 5 部分），如图 5-5-2 所示。

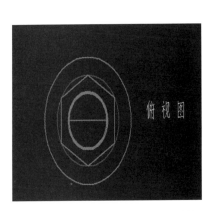

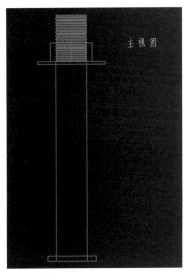

图 5-5-1

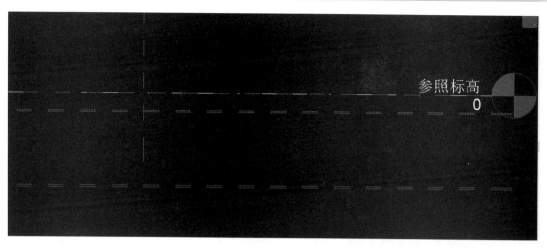

图 5-5-2

参照图纸俯视图可以得知，该螺栓半径为 32mm 的圆柱体，在【参照标高】中运用【拉伸】命令进行绘制，绘制完成，单击【确定】，如图 5-5-3 所示。

绘制完成转到立面中，将其进行拉伸到对应位置，如图 5-5-4 所示。

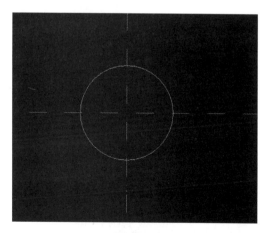

图 5-5-3

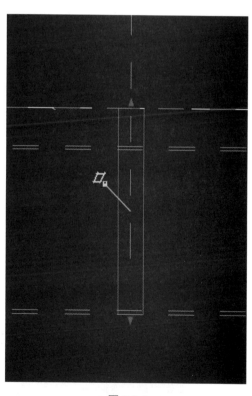

图 5-5-4

利用【拉伸】命令在平面图中创建实心模型之后，转移到立面，使用【空心旋转】对实心形状进行切割、修剪，编辑好需要被切割部分的轮廓，选择绕其旋转的中心轴，单击【确定】，绘制完成，如图 5-5-5 所示。

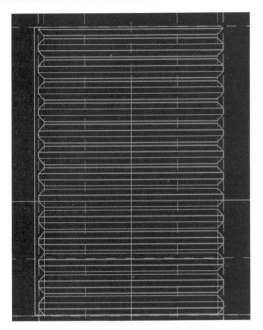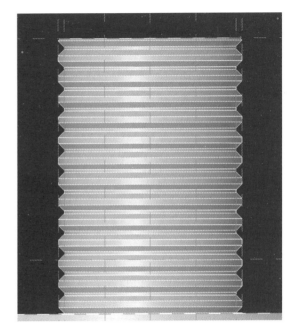

图 5-5-5

其他部分均如上一课节绘制方法，用【拉伸】命令绘制，如图 5-5-6 和图 5-5-7 所示。

图 5-5-6

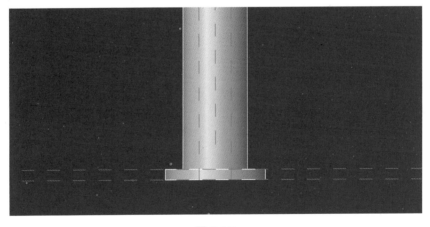

图 5-5-7

整个构件绘制完成，如图 5-5-8 所示。

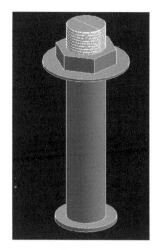

图 5-5-8

练习题

根据图纸，完成模型的创建。来源：历年全国 BIM 技能等级考试一级试题。

一、根据下图中给定的投影尺寸，创建形体体量模型，基础底标高为－2.1 米，设置该模型材质为混凝土。请将模型体积用"模型体积"为文件名以文本格式保存在考生文件夹中，模型文件以"杯形基础"为文件名保存到考生文件夹中。（20 分）

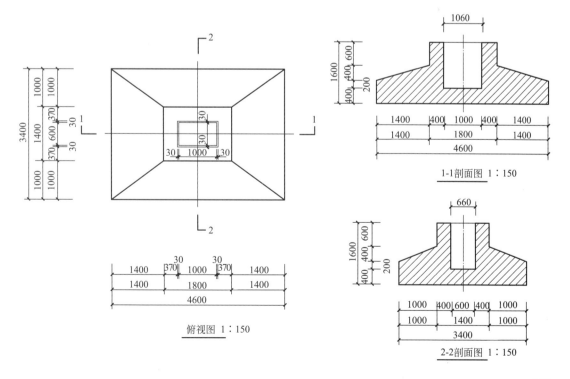

二、图为某牛腿柱。请按图示尺寸要求建立该牛腿柱的体量模型。最终结果以"牛腿柱"为文件名称保存在考生文件夹中。（10分）

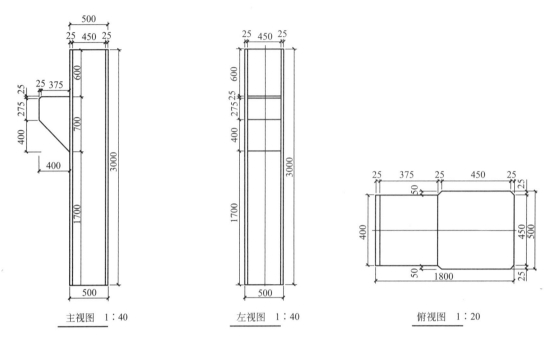

主视图 1∶40　　　　左视图 1∶40　　　　俯视图 1∶20

三、创建下图中的螺母模型，螺母孔的直径为 **20mm**，正六边形边长 **18mm**、各边距孔中心 **16mm**，螺母高 **20mm**，请将模型以"螺母"为文件名保存到考生文件夹中。（10分）

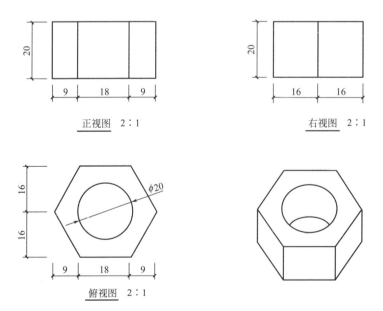

正视图 2∶1　　　　　　　　右视图 2∶1

俯视图 2∶1

▶▶ 教学单元 6 碰撞检查

6.1 碰撞检查的介绍

美国建筑行业研究院 2007 颁布的美国国家 BIM 标准显示，建筑业的无效工作（浪费）高达 57％。而 BIM 就是解决建筑业资源浪费，实现建筑业"碳中和"和"碳达峰"经济时代的有效途径。美国斯坦福大学在总结 BIM 技术价值时发现，使用 BIM 技术可以消除 40％的预算外变更，通过及早发现和解决冲突，可降低 10％合同价格。

Navisworks 软件可以呈现出四维空间，其中的"碰撞检查"工具是利用 BIM 技术消除变更与返工的一项主要工作，最大的特点就是能够立体地看设计，在二维时看不到的项目中图元碰撞，也可以利用 Navisworks 软件中的碰撞检查发现。这些图元可能是模型中的一组选定图元，也可能是所有图元。使用此工具来协调主要的建筑图元和系统，可以防止建筑之间的冲突，并可降低建筑变更及成本超限的风险。

下面将介绍 Navisworks 软件碰撞检查的方法：

在室内视点选择树导入的建筑中包括【AC（暖通）】、【ARC（建筑）】、【PD（给排水）】、【STR（结构）】、【喷淋（消防）】。

【常用】→【工具】→【碰撞检查】→打开测试的面板→添加测试→双击【重命名】（直观形象）→选择→添加选项 A，选项 B（即将参与碰撞的图元）

$$\left[\begin{array}{l}曲面\\线\\点\\自相交\end{array}\right] 类型 \left[\begin{array}{l}硬碰撞（直接的几何接触）\\硬碰撞（保守）\\间隙（软碰撞）小于指定值也可视为碰撞\\重复项（是否有完全重叠的图元）\end{array}\right]$$

工程中实体相交定义为碰撞，实体间的距离小于设定公差，影响施工或不能满足特定要求也定义为碰撞，为区别二者分别命名为硬碰撞和间隙碰撞。

硬碰撞：实体在空间上存在交集。这种碰撞类型在设计阶段极为常见，发生在结构梁、空调管道和给排水管道三者之间。

间隙碰撞：实体与实体在空间上并不存在交集，但两者之间的距离 d 比设定的公差 T 小时即被认定为碰撞。该类型碰撞检测主要出于安全、施工便利等方面的考虑，相同专业间有最小间距要求，不同专业之间也需设定的最小间距要求，同时还需检查管道设备是否遮挡墙上安装的插座、开关等。

碰撞的公差是指当两个图元发生几何接触，但其值小于所设得的公差值，便视为可允许发生的碰撞状态（单位可在选项设置中改变），测试的步骤：链接→链接新图元→无→勾选复合对象碰撞→运行测试。测试完成之后会自动切换到结果选项卡可看见被高度显示发生的碰撞图元，其他项同操作。

在完成冲突检测后，Navisworks 会将碰撞的结果记录在任务列表，重复项检测的步骤：选择对象→公差为 0→完成。在项目选项中，可以选择是否高亮显示图元，也可以利用返回键返回到 Revit 中，来查看或修改相应的图元。

首先，软碰撞审阅中，可以查看相互碰撞图元之间的最短距离，也可以选择单个碰撞完成的项目进行重置，全部重置之后所有的碰撞结果都将排除，在全部更新之后将重新完成项目中还存在的问题。除此之外，还可以为碰撞检查指定规则，对已经碰撞检查后的结果进行标识、审阅以及查看，对在项目中对涉及项目的碰撞进行分组（可以统设状态等）。

其次，导出碰撞检测的结果，可以对结果中的数据进行控制、选择列，添加或减少，单击用重置列的方式恢复默认状态。

最后，导出报告模式，其中包括检测的内容、状态、报告类型、保存（保存文件尽量不要使用中文，会导致图片的缺失）。

检查流程工作分为以下五个阶段：

第一阶段：土建、安装各个专业模型提交；

第二阶段：模型审核并修改；

第三阶段：系统后台自动碰撞检查并输出结果，撰写并提供碰撞检查报告；

第四阶段：根据碰撞报告修改优化模型；

第五阶段：重复以上工作，直到无碰撞为止。

对于大型复杂的工程项目，采用 BIM 技术进行碰撞检查有着明显的优势及意义。在此过程中可发现大量隐藏在设计中的问题，这些都是在传统的单专业校审过程中很难被发现。所以与传统 2D 管线综合对比，三维管线综合设计的优势具体体现在：

（1）BIM 模型将所有专业放在同一模型中，对专业协调的结果进行全面检验，专业之间的冲突、高度方向上的碰撞是考量的重点。模型均按真实尺度建模，传统表达予以省略的部分（如管道保温层等）均得以展现，从而将一些看上去没问题，而实际上却存在的深层次问题暴露出来。

（2）土建及设备全专业建模并协调优化，全方位的三维模型可在任意位置剖切大样及轴测图大样，观察并调整该处管线的标高关系。BIM 软件可全面检测管线之间、管线与土建之间的所有碰撞问题，并反提给各专业设计人员进行调整，理论上可消除所有管线碰撞问题。

（3）利用 Revit、ArchiCAD 等软件建立 BIM 模型，在模型校核清理链接之后，通过碰撞检查系统运行操作，并自动查找出模型中的碰撞点，目前 Navisworks、Revit、Fuzor、橄榄山插件等均具备碰撞检查功能。

6.2 明细表应用以及成果输出

1. 模型链接的方式

打开【Revit】软件，打开一个项目文件，如图 6-2-1 所示。

选择【插入】选项卡，单击【链接 Revit/CAD】等，如图 6-2-2 所示。

在弹出来的窗口页面中，选择要链接的模型，如图 6-2-3 所示。

指定的定位方式，默认为【自动—原点到原点】，如图 6-2-4 所示。

而当定位方式设置成【自动—通过共享坐标】时，此设置就可以确保建筑师打开模型文件的时候，共享坐标可用于模型和场地文件正确匹配，如图 6-2-5 所示。

单击【打开】，链接完成，如图 6-2-6 所示，默认界面为"标高一"，图纸不可以随意拖动，否则会造成楼层偏差。

（1）统一模型细度（即包含了多少细节）

BIM 技术的应用中，BIM 模型的建立与管理是不可或缺的关键工作，而对于建立的模型内容和细节，有一套准则和规范依循，更容易被大家掌握，当模型交付时，能使甲乙双方达成共识，满足

图 6-2-1

甲乙双方的需求，美国建筑师协会（AIA）的 E202 文件中，以 LOD（Level of Development 发展程度）来指称 BIM 模型中的模型组件，在营建生命周期的不同阶段中所预期的完整度（Level of Completeness），并定义了从 100～500 的五种 LOD。这也是一直以来被广为引用于说明建筑信息模型内容与细节的标准。

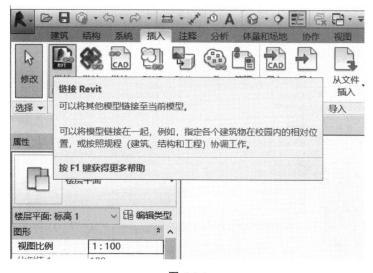

图 6-2-2

（1）LOD 100-Conceptual 概念化。该等级等同于概念设计，此阶段的模型通常为表现建筑整体类型分析的建筑体量，分析包括体积、建筑朝向、每平方造价等。

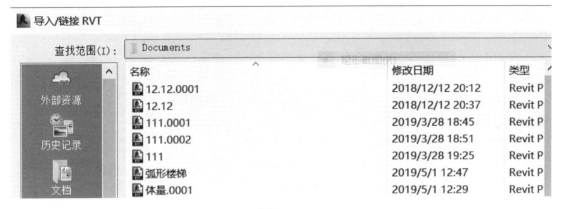

图 6-2-3

图 6-2-4

图 6-2-5

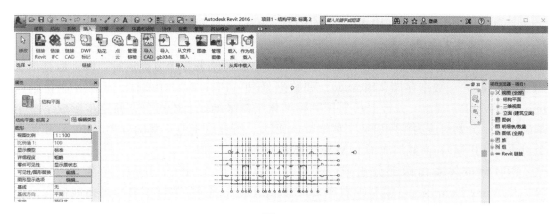

图 6-2-6

（2）LOD 200-Approximate geometry 近似构件（方案及扩初）。该等级等同于方案设计或扩初设计，此阶段的模型包含了普遍性系统包括的大致数量、大小、形状、位置以及方向等信息。

（3）LOD 300-Precise geometry 精确构件（施工图及深化施工图）。该等级等同于传统施工图和深化施工图层次。此阶段模型应当包括业主在 BIM 提交标准里规定的构件属性和参数等信息，模型已经能够很好地用于成本估算以及施工协调（包括碰撞检查、施工进度计划以及可视化）。

（4）LOD 400-Fabrication 加工。此阶段的模型可以用于模型单元的加工和安装，如被专门的承包商和制造商用于加工和制造项目构件。

（5）LOD 500-As-built 竣工。该阶段的模型表现了项目竣工的情形。模型将包含业主 BIM 提交说明里制定的完整的构件参数和属性。模型将作为中心数据库整合到建筑运营和维护系统中去。

（2）出图标准

1）Revit 视图的显示控制（如，出图要具体控制到哪个高度，对应的平面上什么会显示，什么不会显示，显示的样式如何设置等）。

2）完成通用族库的建设，即施工图中涉及的所有的设备和构件，必须找到一个族，且这个族要做到二维表达形式符合出图规范。

3）完成标注，注释族的创建，以达到出图规范准确、美观。

Revit 出图设置：

检查视图比例，系统默认 1∶100；

调整视图范围，设置图纸需要显示的内容，如：梁板柱墙楼梯等，保证视图只显示一套轴网；

利用【视图】选项卡，创建【创建】面板中的【复制视图】下拉选项中的【带细节复制】命令复制出几张平面视图，在各个视图中，利用【过滤器】、【工作集】分别显示水、暖、电等不同的专业；

完成平面视图新建和显示设置后，添加标注；

完成标注后，在图纸中添加图框，图框大小的选择依据项目的大小确定，在图框中添加图纸；

套图框完成后就可以利用【Revit】图标，导出 CAD 图纸。

（3）BIM 数据标准、格式

在建筑信息模型领域，关于数据的基础标准一直围绕着三个方面进行，即：数据语义（Terminology）、数据存储（Storage）和数据处理（Process）。由国际 BIM 专业化组织 buildingSMART 提出，并被 ISO 等国际标准化组织采纳，上述三个方面逐步形成了三个基础标准，分别对应为国际语义字典框架（IFD）、行业（工业）基础分类（IFC）和信息交付手册（IDM），由此形成了 BIM 标准体系。

BIM 标准体系由两部分组成，核心层是围绕 IFD、IFC、IDM，衍生出了 MVD（Model View Definition，模型视图定义）、Data Dictionary（数据字典）等拓展概念。在核心层之外是应用层，直接面向用户数据应用的各项标准，包括 QTO（Quantity Take-Off，工程量提取）、冲突检测等。核心层标准面向数据描述，应用层标准规定数据使用方法。

2. 明细表的创建

单击【视图】选项卡，选择【明细表】下拉选项中的【明细表数量】，如图 6-2-7 所示。

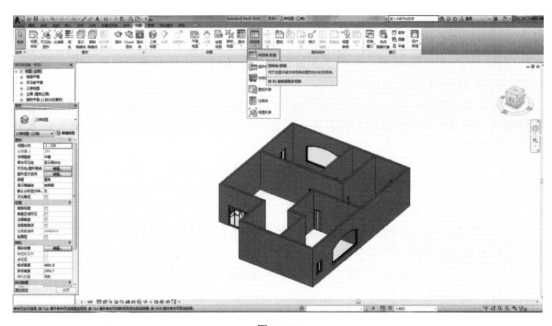

图 6-2-7

选择要创建的明细表类别，单击【确定】（图例中选择的是窗明细表），如图 6-2-8 所示。

对明细表中可出现的类别进行【添加】（例如：类型、宽度、高度、底高度……），如图 6-2-9 所示。

在排序、成组中，对明细表的排序方式可进行调整，如图 6-2-10 所示。

完成后，单击【确定】，如图 6-2-11 所示。

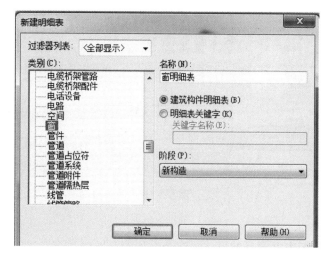

图 6-2-8

图 6-2-9

图 6-2-10

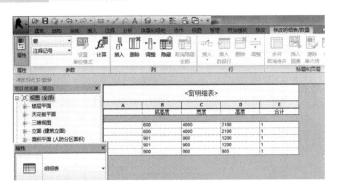

图 6-2-11

3. 明细表导出

将创建完成的明细表以项目的形式另存为，如图 6-2-12 所示。

图 6-2-12

新建 Revit 或打开需要链接明细表的建筑图，单击【插入】→【从文件插入】→【插入文件中的视图】，如图 6-2-13 所示。

找到明细表文件所在位置，如图 6-2-14 所示。

勾选明细表所属类别，单击【确定】，如图 6-2-15 所示。

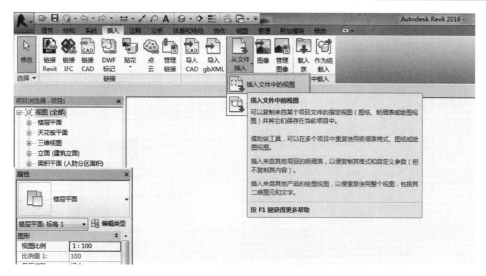

图 6-2-13

图 6-2-14

图 6-2-15

4. 创建图纸

打开 Revit 建筑样板，如图 6-2-16 所示。

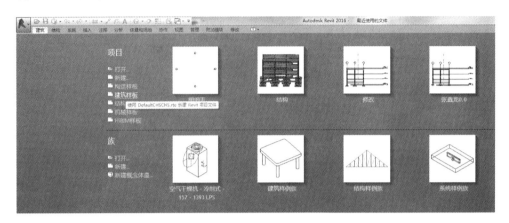

图 6-2-16

单击【视图】→【图纸】，如图 6-2-17 所示。

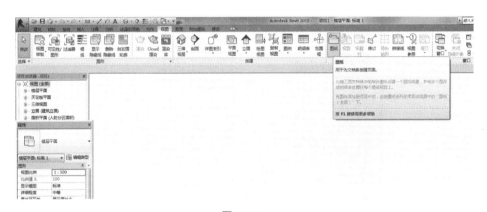

图 6-2-17

图 6-2-18

选择即将创建的图纸尺寸，也可以载入进行选择，单击【确定】，如图 6-2-18 所示。

5. 设置项目信息

单击【管理】→【项目信息】，如图 6-2-19 所示。

对其数据信息进行添加与修改（在项目地址中，单击相应的项目地址栏就会出来三个小点），如图 6-2-20 所示。设置完成，单击【确定】。

6. 打印

单击左上角图标，在【打印】中单击【打印设置】，如图 6-2-21 所示。

可以通过【打印设置】对纸张的尺寸、方向等进行设置，如图 6-2-22 所示。

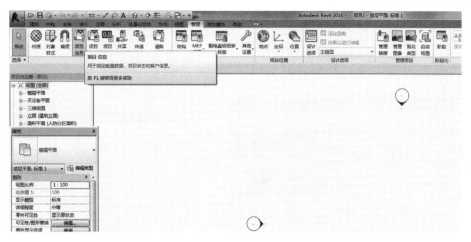

图 6-2-19

图 6-2-20　　　　　　　　　　　　　　　　　　图 6-2-21

还可以进行【打印预览】，如图 6-2-23 所示。

单击【打印】，如图 6-2-24 所示。

7. 导出 DWG 文件与导出设置

完成绘图之后，单击【三维】，确定没有问题之后，单击左上角图标→【导出】→【CAD 格式】→【DWG】文件，如图 6-2-25 所示。

单击【任务中的导出设置】后"三小点"图标，如图 6-2-26 所示。

图 6-2-22   图 6-2-23

图 6-2-24

可对建筑类别的图层与颜色进行修改，同时也可以修改线、填充图案、文字与字体、颜色、实体、单位与坐标，如图 6-2-27 所示。

在常规应用中，单击左下角新建新的导出设置→进行重命名→确定，这样新的导出设置便出现在左框中，不勾选【将图纸上的视图和链接作为外部参照导出】，选择【导出的文件格式】，单击【确定】，如图 6-2-28 所示。

选择要导出的是仅当前视图，还是任务中的图纸集，单击【下一步】，如图 6-2-29 所示。

图 6-2-25

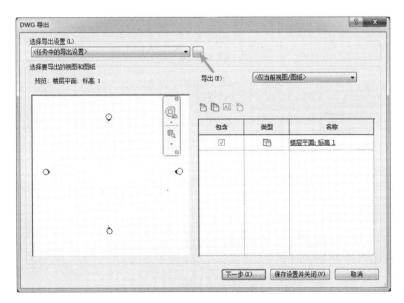

图 6-2-26

选择要导出的位置以及名称，是否将图纸上的视图和链接作为外部参照导出，如图 6-2-30 所示。

157

图 6-2-27

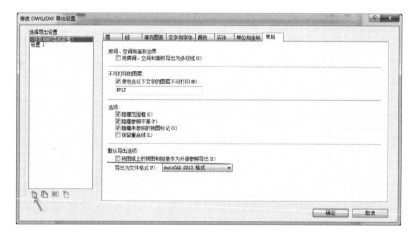

图 6-2-28

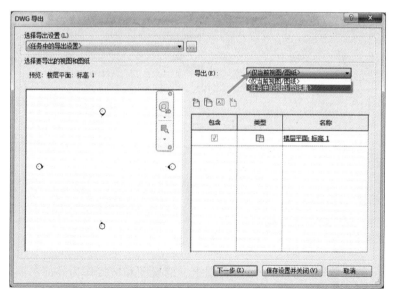

图 6-2-29

图 6-2-30

8. PKPM 设计软件

PKPM 设计软件（又称 PKPMCAD）是一套集建筑、结构、设备（给水排水、采暖、通风空调、电气）设计于一体的集成化 CAD 系统。软件是由北京建研科技股份有限公司设计软件事业部研制。PKPM 具有弹塑性动力、静力时程分析软件接力结构建模和结构计算，操作简便，成熟实用的特点。PKPM 适应多种结构类型。砌体结构模块包括普通砖混结构、底层框架结构、混凝土空心砌块结构，配筋砌体结构等。钢结构模块包括门式刚架、框架、工业厂房框排架、桁架、支架、农业温室结构等。还提供预应力结构、复杂楼板、楼板舒适度分析、筒仓、烟囱等设计模块。

参考文献

［1］刘鑫，王鑫.Revit 建筑建模项目教程.北京：机械工业出版社，2017.

［2］王鑫，董羽.Revit 建模案例教程.北京：中国建筑工业出版社，2019.

［3］何凤，梁瑛.Revit2018 完全实战技术手册（中文版）.北京：清华大学出版社，2018.

［4］孙仲建，肖洋，李林，聂维中.BIM 技术应用—Revit 建模基础.北京：清华大学出版社，2018.

［5］王鑫，刘晓晨.全国 BIM 应用技能考试通关宝典.北京：中国建筑工业出版社，2018.

［6］廖小烽，王君峰.Revit2013/2014 建筑设计火星课堂.北京：人民邮电出版社，2013.

［7］李恒，孔娟.Revit2015 中文版基础教程 BIM 工程师成才之路.北京：清华大学出版社，2015.

［8］林标锋，卓海旋，陈凌杰.BIM 应用：Revit 建筑案例教程.北京：北京大学出版社，2018.